影视特效制作项目教程
After Effects CC（中文版）

第2版

主　编　原旺周　李永梅
副主编　武朝霞　张世勇　贾利霞
参　编　王万杰　程　洁　宋　妍
　　　　刘素霞　张贵艳

机械工业出版社

本书立足"以服务发展为宗旨，以促进就业为导向"的国家职业教育发展目标，根据国家职业标准以及职业院校"双证书"教材编写的要求，采用"项目教学，技能实战"的形式进行编写，通过具体项目及项目拓展由浅入深地讲解使用 After Effects CC 软件进行影视合成的原理和制作技巧，注重培养学生的动手能力和实战技能，培养学生的创意和制作技巧。

本书主要内容包括第 1 单元二维合成，第 2 单元蒙版与轨道遮罩，第 3 单元路径描边与形状图形，第 4 单元文字动画，第 5 单元三维合成，第 6 单元抠像，第 7 单元调色，第 8 单元跟踪与稳定，第 9 单元转场及其他特效，第 10 单元综合应用。每个项目由学习目标、知识准备、项目实施和项目拓展组成。

本书可作为各类职业院校计算机应用、数字媒体、平面设计、动漫游戏等专业的教材，也可作为培训机构的参考用书。

本书配有电子课件、案例素材及源文件，教师可登录机械工业出版社教育服务网（www.cmpedu.com）注册后免费下载或联系编辑（010-88379194）咨询。

图书在版编目（CIP）数据

影视特效制作项目教程 After Effects CC / 原旺周，李永梅主编. —2 版. —北京：机械工业出版社，2024.2（2025.6 重印）
 ISBN 978-7-111-74847-2

Ⅰ．①影…　Ⅱ．①原…　②李…　Ⅲ．①图像处理软件-高等职业教育-教材
Ⅳ．①TP391.413

中国国家版本馆 CIP 数据核字（2024）第 050464 号

机械工业出版社（北京市百万庄大街 22 号　邮政编码 100037）
策划编辑：李绍坤　　　　　　责任编辑：李绍坤　刘益汛
责任校对：王荣庆　李　杉　　封面设计：马精明
责任印制：刘　媛
北京富资园科技发展有限公司印刷
2025 年 6 月第 2 版第 2 次印刷
210mm×285mm・15 印张・329 千字
标准书号：ISBN 978-7-111-74847-2
定价：49.00 元

电话服务　　　　　　　　　网络服务
客服电话：010-88361066　　机　工　官　网：www.cmpbook.com
　　　　　010-88379833　　机　工　官　博：weibo.com/cmp1952
　　　　　010-68326294　　金　书　网：www.golden-book.com
封底无防伪标均为盗版　　机工教育服务网：www.cmpedu.com

前 言

After Effects CC(以下简称AE CC)是由Adobe公司开发的影视特效软件,它功能强大、简单易学、深受广大影视爱好者和影视后期从业人员的喜爱,是目前最流行的影视后期合成软件之一。我国现在大部分职业院校的数字媒体专业和计算机相关专业,都将AE CC作为影视特效制作课程的主要软件。

本书在第1版的基础上,根据教材的使用情况进行了修订,替换和修改了部分项目,针对实际岗位的职业技能培养,拓展增加了轨道遮罩动画制作、画面亮度调整等内容,使项目的制作更接近于实际工作。本书在修订中突出了如下特色:

1. 注重立德树人,素质培养与技能训练同向同行

本书项目在"以学生为主体、学为主、学习效果为目标"的"三学"理念指导下,融入社会主义核心价值观与家国情怀、工匠精神、开拓进取等思想品德的培养,如《美丽中国》《红旗渠精神》《人工天河红旗渠》等项目的制作,在培养学生影视特效的制作技能的同时,落实立德树人的根本任务。

2. 依据专业标准,结合职业标准,落实"双证书"教材编写思想

遵循"以项目为载体,以发展能力为目标,以学生为主体"的课程教改三原则;根据教育部最新颁布的专业教学标准、注重行业发展对课程内容的要求;根据国家职业标准以及职业院校"双证书"教材的要求进行编写。

3. 选用项目任务编写模式,体现先进职业教育理念

本书采用"任务驱动、项目教学、技能实战"的编写形式,注重培养学生的动手能力和职业素养。以真实生产项目、典型工作任务等为载体,体现产业发展的新技术、新工艺、新规范、新标准,反映人才培养模式改革方向,将知识、能力和正确价值观的培养有机结合,适应专业建设、课程建设、教学模式与方法改革创新等方面的需要,满足项目学习、案例学习、模块化学习等不同学习方式要求,有效激发学生学习兴趣和创新潜能。

4. 对接岗、课、赛、证,实现课证融通

本书对照"1+X"职业等级证书的部分考核标准,融合影视后期竞赛项目,实现课证融合与课赛融合。

5. 符合学生认知规律,强调实用性和技能性

本书内容安排循序渐进,知识准备、项目实施、项目拓展等环节,体现了"做中学,做中教"的教学理念。本书结构合理,编写体例新颖,强调了实用性和技能性,通过动手完成一个个

项目，强化操作训练，从而达到掌握知识与提高技能的目的，力争做到"做、学、教"的统一。

6．推进教学过程与生产过程对接，体现校企合作

围绕深化技术技能人才培养模式改革，推进专业设置与产业需求对接，课程内容与职业标准对接，教学过程与生产过程对接，本书的大部分案例来源于企业的真实工作项目，体现理论与实践相结合的特点，符合校企合作的要求，满足企业对人才的需求。

7．教学资源丰富

除教学课件外，本书还配备了微课、项目源文件和项目效果文件，方便学生课后进一步巩固提高。为了方便教师教学，还配备了教案。

本书分为10个单元，共23个项目，每个项目又包括学习目标、知识准备、项目实施、项目拓展等内容。具体内容包括：第1单元 二维合成，学习使用AE CC进行影视合成的流程；第2单元 蒙版与轨道遮罩，学习蒙版动画和轨道遮罩动画的制作方法；第3单元 路径描边与形状图形，学习路径描边动画及形状图形动画的制作方法；第4单元 文字动画，学习二维文本的动画设置、立体文字动画的制作方法；第5单元 三维合成，学习三维图层属性的设置、摄像机动画和三维灯光动画的制作技术；第6单元 抠像，学习抠像技术；第7单元 调色，学习调色技术；第8单元 跟踪与稳定，学习跟踪的设置和稳定的设置技术；第9单元 转场及其他特效，学习转场特效和图层样式的应用；第10单元 综合应用，学习片头制作方法，综合运用所学的技术制作片头。

本书由长期从事职业教育影视后期制作的双师型教师、职业技能大赛辅导教师以及专业影视制作公司经验丰富的设计师共同编写而成，内容细致全面、重点突出，文字叙述言简意赅、通俗易懂，案例选择具有针对性和实用性。

本书由原旺周、李永梅担任主编，武朝霞、张世勇、贾利霞担任副主编。参加编写的有王万杰、程洁、宋妍、刘素霞、张贵艳，全书由原旺周统稿。具体编写分工为：单元1（原旺周）、单元2（原旺周、张世勇）、单元3（李永梅）、单元4（武朝霞）、单元5（贾利霞、程洁）、单元6（原旺周）、单元7（王万杰、刘素霞）、单元8（张贵艳、原旺周）、单元9（原旺周）、单元10（宋妍）。

由于编者水平有限，书中难免存在疏漏和不妥之处，敬请各位专家、老师和广大读者提出宝贵意见，不胜感激。

编 者

目 录

前言

第1单元　二维合成 1

项目1　After Effects CC 的初始化设置 1
知识准备 1
项目实施　《城市夜景》——视频制作流程 8
项目拓展　《变速行驶》——快放、慢放、倒放 12

项目2　关键帧动画 18
知识准备 18
项目实施　《行驶》——关键帧动画 21
项目拓展　《小球绕指定的路径运动》——沿路径运动动画 25

项目3　父子关系 27
知识准备 27
项目实施　《花开争艳》——父子关系 32
项目拓展　《星球大战》——层模式应用 37

第2单元　蒙版与轨道遮罩 42

项目4　蒙版动画制作 42
知识准备 42
项目实施　《画轴的打开与回卷》——蒙版动画 45
项目拓展　《吃豆豆》动画——蒙版的混合模式应用 48

项目5　轨道遮罩动画制作 51
知识准备 51
项目实施　《我是超人》——轨道遮罩应用 52
项目拓展　《LOGO 动画》——虚线动画制作 56

第3单元　路径描边与形状图形 61

项目6　路径描边动画制作 61
知识准备 61
项目实施　《签名》——路径描边动画制作 62
项目拓展　《美丽中国》——手写字动画效果制作 64

项目7　形状图形动画制作 68
知识准备 68
项目实施　《形状图形动画》——形状图形属性及效果应用 69
项目拓展　《人工天河红旗渠》——文字修剪路径动画 72

第4单元　文字动画 76

项目8　路径文字动画 76
知识准备 76
项目实施　《红旗渠精神》——路径文字动画 77
项目拓展　《科技改变我们的未来》——文字绕路径旋转 82

项目9　预设文字动画制作 85
知识准备 85
项目实施　《北国风光》——预设文字动画 86
项目拓展　《红旗渠简介》——旁白文字动画 89

项目10　文字"动画制作工具"应用 93
知识准备 93
项目实施　《技能改变命运》——文字"动画制作工具"制作动画 96
项目拓展　《新闻联播》——立体文字动画 99

第5单元　三维合成 106

项目11　三维图层合成 106
知识准备 106
项目实施　《立方体旋转动画》——三维图层的合成 108
项目拓展　《立体相册》——三维图层的应用 116

项目12　摄像机动画 120
知识准备 121

项目实施 《国画展示》——摄像机动画............ 122
　　项目拓展 《空间文字》——摄像机动画应用...... 128
　项目 13　三维灯光应用................................. 136
　　知识准备 136
　　项目实施 《摩托秀》——三维灯光应用............ 137
　　项目拓展 《金光大道》——三维灯光应用......... 141

第 6 单元　抠像 146
　项目 14　抠像技术 146
　　知识准备 146
　　项目实施 《抠像合成》——键控特效应用....... 151
　　项目拓展 《荷花》——Roto 抠像技术应用....... 155

第 7 单元　调色 160
　项目 15　校正颜色 160
　　知识准备 160
　　项目实施 《美丽的白头雕》——色彩校正 166
　　项目拓展 《变色龙》——二级调色ꢀꢀꢀ............ 169
　项目 16　调整画面亮度................................. 172
　　知识准备 172
　　项目实施 《风景调色》——调整亮度............... 173
　　项目拓展 《眺望》——调整画面光感及
　　　　　　层次感 174

第 8 单元　跟踪与稳定..................................... 178
　项目 17　位置跟踪 178
　　知识准备 178

　　项目实施 《手握火焰前行》——位置跟踪应用... 181
　　项目拓展 《转动的显示器》——透视跟踪应用... 184
　项目 18　稳定运动 186
　　知识准备 186
　　项目实施 《抖动的花盆》——稳定运动........... 187
　　项目拓展 《瞄准》——动态跟踪马赛克
　　　　　　特效应用 189

第 9 单元　转场及其他特效 191
　项目 19　转场特效应用................................. 191
　　知识准备 191
　　项目实施 《时装表演》——转场特效应用......... 194
　　项目拓展 《更换天空》——跟踪与转场
　　　　　　特效应用 196
　项目 20　图层样式及碎片特效应用 199
　　知识准备 199
　　项目实施 《天涯来客》——墙体脱落显露文字... 202
　　项目拓展 《欢度节日》——绚丽扫光文字
　　　　　　制作 208

第 10 单元　综合应用ꢀꢀꢀꢀꢀꢀꢀꢀꢀ............................. 212
　项目 21 《小荷才露尖尖角》——片头制作........... 212
　项目 22 《保护环境就是保护我们自己》——片头
　　　　　制作 220
　项目 23 《美食中国》——片头制作 223

参考文献 231

第 1 单元
二维合成

项目 1　After Effects CC 的初始化设置

学习目标

1）了解影视制作的基础知识。
2）了解AE CC的界面布局及常用窗口、面板的功能和使用方法。
3）掌握AE CC项目的初始化设置及基本的编辑方法。
4）掌握使用AE CC软件进行影视制作的流程。
5）掌握设置视频素材快放、慢放、倒放、定格效果的方法。

知识准备

1. 电视制式

目前世界上用于彩色电视广播的制式主要有以下3种。

1）PAL制式：PAL制式是Phase Alteration Line（正交平衡调幅逐行倒相制）的简称。PAL制式的画面尺寸为720像素×576像素，帧速率为25帧/秒。目前，采用这种制式的国家及地区主要有中国、东南亚、德国及一些西欧国家。

2）NTSC制式：NTSC制式是National Television System Committee（正交平衡调幅制）的简称。NTSC制式的画面尺寸为720像素×480像素，帧速率为29.97帧/秒。目前，采用这种制式的国家和地区主要有美国、日本、韩国、加拿大等。

3）SECAM 制式：SECAM 制式是 Sequential Couleur Avec Memoire（行轮换调频制）的简称。画面尺寸为 720 像素 ×576 像素，帧速率为 25 帧 / 秒。目前，采用这种制式的国家和地区主要有俄罗斯、东欧、法国及一些西亚国家。

2. 帧速率与场

影视动画是将一些差别较小的静态画面以一定的速率连续播放，由于人的视觉暂留现象，人眼会认为这些图像是连续不间断地运动的。构成运动效果的每一幅静态画面称作 1 帧，帧是构成动画的最小单位。

帧速率（fps）也称"帧/秒"，指每秒显示的静止帧格数。例如，Flash 动画的帧速率为 12 帧/秒；电影的帧速率为 23.976 帧/秒（通常称为 24 帧/秒）；PAL 制式视频的帧速率为 25 帧/秒；NTSC 制式视频的帧速率为 29.97 帧/秒，通常称为 30 帧/秒。

在帧的尺寸上，帧宽度与帧高度之比通常有 4:3 和 16:9 两种。目前，标准清晰度的电视采用的帧长宽比是 4:3，高清晰度的电视采用的帧长宽比是 16:9。

像素长宽比是指像素的长度和宽度的比例。例如，标准的 PAL 制式视频，1 帧图像尺寸为 720 像素 ×576 像素，采用的是矩形像素，像素长宽比是 1:1.067。计算机使用方形像素显示画面，其像素长宽比是 1:1，人们接触到的图像素材大部分采用方形像素。

电视的扫描方式有"逐行扫描"和"隔行扫描"两种方式。在电视的标准显示模式中，i 表示隔行扫描，p 表示逐行扫描。逐行扫描方式是指每一帧图像由电子束顺序地、一行接着一行地连续扫描而成；隔行扫描方式是指每一帧被分隔为两场，每一场包含了一帧中所有的奇数扫描行或者偶数扫描行，先扫描奇数行得到第一场，然后扫描偶数行得到第二场。由于人的视觉暂留现象，人眼会看到平滑的运动而不是闪动的半帧图像。

在 AE CC 中奇数场和偶数场分别称为上场和下场，每一帧由两场构成的视频在播放时要定义上场和下场的显示顺序，先显示上场，后显示下场，称为上场顺序，反之称为下场顺序。

3. 项目与合成

After Effects CC（简称 AE CC）启动之后，默认新建了一个项目，存盘后的 AE CC 文件是以项目文件的形式存在。项目也称为工程，项目通常记录着工作中使用的素材、层、效果等所有信息。按 <Ctrl+Alt+N> 组合键可以新建一个项目；按 <Ctrl+S> 组合键可以存储项目文件，项目文件的扩展名为".aep"。

要进行影片制作，首先要建立一个合成。当一个合成图像窗口打开时，同时会有一个与之相对应的时间线窗口，AE CC 中的大部分制作将要依靠这两个窗口完成。制作出的合成，需要通过渲染，将其转换为视频文件，才可以使用视频播放器来进行播放。

一个项目中可以建立多个合成，但是合成不能单独成为一个文件而存在，而是以项目文件的形式而存在。

4. AE CC 的工作界面

AE CC 启动之后，工作界面如图 1-1 所示，主要包括"项目"窗口、"合成"窗口、"时间线"窗口。其他窗口可以通过"窗口"菜单来添加需要的窗口或隐藏该窗口。

图1-1　AE CC的工作界面

5．"项目"窗口

"项目"窗口的作用是导入素材、管理素材。"项目"窗口如图1-2所示。在"项目"窗口中可以对导入的素材进行设置、新建合成、导入素材、新建文件夹进行分类存放素材、对不需要的素材进行删除等功能。

1）▣解释素材按钮：对导入的素材进行Alpha通道、帧速率、场、像素长宽比等内容的设置。

2）▣新建文件夹按钮：将不同类型的素材分别建立文件夹进行存放，实行分类管理。例如，建立图片文件夹、视频文件夹、音频文件夹等。

3）▣新建合成按钮：将"项目"窗口中的某个素材拖到该按钮上，则创建一个与素材大小一致的新合成。

4）▣删除按钮：选中"项目"窗口中的素材，单击该按钮进行删除。

6．合成设置

在AE CC中对一个项目进行编辑、处理前，首先要建立一个合成，在"项目"窗口中右击鼠标，在快捷菜单中执行"新建合成"命令，就出现一个"合成设置"对话框，如图1-3所示。建立一个新的"合成"，或者要对已建立的合成重新进行参数设置，都要进行合成设置，在"合成"菜单下执行"合成设置"命令，就可以出现"合成设置"对话框。

1）合成名称：输入新建合成的名称。

2）预设：自定义要制作影片的尺寸或选择已有的影片设置尺寸。如果自定义影片大小，可以修改"宽"和"高"的值。

3）像素长宽比：在下拉菜单中选择影片需要的像素长宽比数值。

4）帧速率：在下拉菜单中选择需要的帧速率。

5）分辨率：在下拉菜单中选择影片的分辨率，分辨率决定渲染的质量。

6）持续时间：设定影片的时长。

7）背景颜色：设定影片的背景颜色。

图1-2 "项目"窗口

图1-3 "合成设置"对话框

7. "合成"窗口

经过设置合成参数后，就新建了一个合成。在"合成"窗口中对素材进行编辑、加工、处理、最终输出。合成图像以时间和层进行工作，合成中可以有任意多的层，合成之间还可以相互调用、相互嵌套，一个合成可以被当成另一个合成的图层使用。一个项目中的合成建立之后，AE CC 工作界面中就会出现一个"合成"窗口，如图1-4所示。

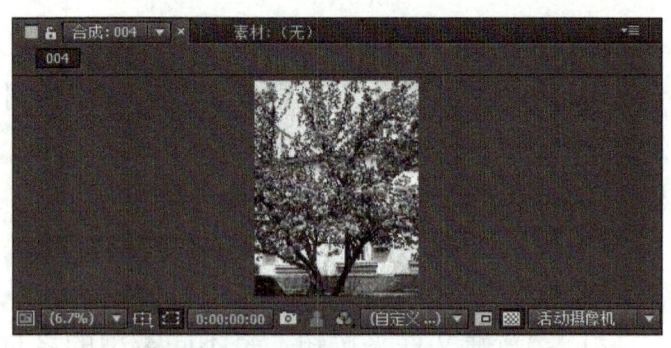

图1-4 "合成"窗口

1) 放大率弹出式菜单按钮：设置"合成"窗口的显示比例。
2) 选择网格和参考线选项按钮：设置标尺、参考线、网格、安全框。
3) 切换蒙版和形状路径可见性按钮：控制蒙版路径是否显示。
4) 当前时间按钮：当前时间显示，可进行编辑。
5) 拍摄快照和显示快照按钮：可拍摄快照和显示快照。
6) 显示通道及色彩管理设置按钮：R、G、B 和 Alpha 通道图标。
7) 分辨率按钮：高分辨率可以显示清晰的画面，低分辨率可加速显示。
8) 目标区域观察按钮：观察目标区域。
9) 切换透明网格按钮：可以设置合成窗口的背景透明。
10) 3D视图弹出式菜单按钮：选择不同的视图方式，默认是"活动摄像机"视图。

注意：当"合成"窗口关闭后，双击"项目"窗口中的合成文件，就可以打开"合成"窗口。

8. "时间线"窗口

当一个"合成"窗口打开时，同时有一个与它对应的"时间线"窗口被打开。"时间线"窗口如图1-5所示。"时间线"窗口是以时间为基准对图层进行操作的。在"时间线"窗口中可以调整素材层在合成中的时间位置、素材长度、叠加方式、渲染范围、合成长度等。

图1-5 "时间线"窗口

"时间线"窗口包括3个大的区域：左侧为控制面板区域，右侧上端为时间线区域，右侧下端为层工作区域。

（1）控制面板区域

1）![]：当前时间显示。

2）![]："眼睛"控制素材层的显示或隐藏。"喇叭"控制播放或关闭音频。"独奏按钮"控制合成中只显示当前层。"锁按钮"控制是否锁定素材图层。

3）![]：可以展开图层属性进行设置。

4）![]：消隐开关，可在时间线上隐藏该素材层，但效果仍在合成中显示。

5）![]：折叠变化/连续栅格开关，对合成图层折叠变化，对矢量图层连续栅格化。

6）![]：质量和采样开关，可以设为草图质量和最高品质两种类型。

7）![]：效果开关，可打开或关闭应用于层的特效。

8）![]：帧混合开关，可通过加权混合插入帧内容。

9）![]：动态模糊开关，模拟快门持续时间。

10）![]：调整图层开关，应用于此图层的效果也应用于其下面图层的合成。

11）![]：3D图层开关。

12）![]：层模式栏，可控制素材图层之间的混合模式。该面板若不显示，可单击时间线左下角的![]按钮使其显示。

13）![]：轨道遮罩设置栏，利用上一图层的黑白信息控制下一个图层的显示区域。

14）![]：父子关系栏，指定要作为父级的图层。

（2）时间线区域

1）![]：时间标尺。

2）![]：当前时间指针。

3）![]：工作区域，可拖动两端的滑块确定预览和渲染的区域。

4）![]：时间线缩放按钮。

（3）层工作区域

时间线上可以有多个层。每个素材均以层的形式以时间为基准排列在工作区域，每个图层均可以设置入点和出点。当两个图层的入点相同时，层标号小的层要挡住层标号大的层在合成窗口中的显示内容。

9．"工具"面板

"工具"面板如图1-6所示。利用"工具"面板中的工具可以对合成中的对象进行操作。

例如，选择、移动、缩放、旋转、建立蒙版等。

图1-6 "工具"面板

10. "音频"面板

"音频"面板如图1-7所示。"音频"面板显示播放时的音量级别，可以调节所选层左右声道的音量，利用"时间线"窗口和"音频"面板可以为音量设置关键帧，也可以将分贝（dB）数的显示改为百分数显示，并可以设置分贝数的变化范围。

11. "预览"面板

"预览"面板如图1-8所示，"预览"面板可以预览合成的效果。

> **注意：** 如果合成中有音频素材，预览时要使用 ▶ "RAM预览"按钮，否则，在预览时没有声音播放。

12. 项目初始化设置

启动AE CC软件后，系统自动新建一个项目，根据我国使用的电视制式PAL，需要重新设置。

1）执行"文件"→"项目设置"命令，弹出"项目设置"对话框，如图1-9所示。将"时间码"的"默认基准"设为25，单击"确定"按钮。

图1-7 "音频"面板

图1-8 "预览"面板

图1-9 "项目设置"对话框

2）执行"编辑"→"首选项"→"导入"命令，设置"序列素材"的导入方式为"25帧/秒"，单击"确定"按钮，如图1-10所示。

图1-10 "首选项"对话框

3）设置渲染输出模板：执行"编辑"→"模板"→"渲染设置"命令，弹出"渲染设置模板"对话框，将"默认"部分全部设置为"最佳设置"，再单击"编辑"按钮，如图1-11所示，在弹出的"渲染设置"对话框中，在"帧速率"选项栏中选择第2项"使用此帧速率：25"，这样就强制以25帧/秒的速率进行输出，单击"确定"按钮，如图1-12所示，再次单击"确定"按钮完成渲染输出模板的设置。

图1-11 "渲染设置模板"对话框

图1-12 "渲染设置"对话框

4）设置视频的默认输出格式：执行"编辑"→"模板"→"输出模板"命令，在弹出的对话框中单击"编辑"按钮，在新弹出的"输出模块设置"对话框中设置"格式"为FLV，音频选择默认的"自动音频输出"，单击"确定"按钮，这样就将视频的默认输出格式设置为FLV格式，如图1-13所示。

> **注意：** 对于安装在一台计算机上的AE CC软件，只需要进行一次项目设置，再次使用时就不需要项目设置了，除非必须要修改项目参数，那就再进行项目设置。

13. AE CC进行视频制作的基本流程

1）素材的导入与管理。素材是AE CC中最基本的构成元素和操作对象，可导入的对象包括动态视音频文件、图片文件、图像序列文件、分层的PS文件、AE中的合成、PR的项目文件、.swf文件等。

对导入到"项目"窗口中的素材文件，要建立多个文件夹进行分类管理。

2）创建合成。在AE CC中对一个项目进行编辑、处理前首先要建立一个合成并进行合成参数设置，在合成中对素材进行移动、缩放、旋转、建立遮罩等操作。在"时间线"窗口中为图层添加特效、调整图层参数、设置图层叠加方式等针对图层的操作。

3）添加特效。AE CC中自带了很多特效，用户也可以为AE CC安装新的特效插件。

图1-13 "输出模块设置"对话框

将特效应用到图层中可以产生各种各样的效果。例如，改变视频的颜色，对音频进行处理，对图像进行扭曲，制作动态字幕以及创建各种过渡等。

4）设置动画。AE CC中的动画有关键帧动画、驱动动画和表达式动画3种。关键帧动画是最基本的动画；驱动动画是指图层自身的属性没有记录动画，但是通过其他层的动画属性关系形成动画，如父子关系；表达式动画是一种随机动画，通过一段能被AE CC识别的描述语句驱动一个属性，形成动画，如实现图层随机运动、图层透明随机变化的动画，用表达式可以快速达到制作效果。

5）渲染输出。合成预览满意后，就要渲染输出可以用其他播放器播放的成品。将编辑好的合成添加到渲染队列，设置要输出的视频格式及输出视频存放的位置、名称。

项目实施

《城市夜景》——视频制作流程

本项目通过《城市夜景》项目的制作，对导入素材、新建合成、编辑素材、渲染输出等过程的学习，掌握AE CC的使用方法及视频制作流程。项目完成后的效果如图1-14所示。

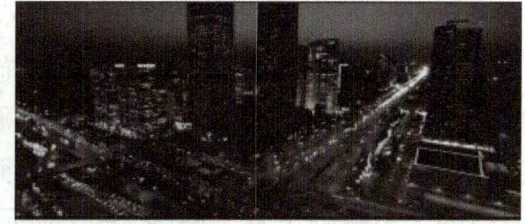

图1-14 《城市夜景》效果

> **制作步骤如下**

(1) 导入素材

启动 AE CC 软件后，在"项目"窗口中双击，在弹出的"导入文件"对话框中，分别选择要导入的素材，然后单击"打开"按钮，即可导入素材，也可以在"导入文件"对话框中单击选定要导入的第一个素材，按住 <Shift> 键，再单击最后一个素材，这样就一次选定了多个素材，然后，单击"打开"按钮，导入所需的全部素材，分别单击导入的素材，会发现所有素材，分辨率为1280×720，"像素长宽比"为"方形像素（1.0）"，"帧速率"为25帧/秒，如图1-15所示。

(2) 新建合成

执行"合成"→"新建合成"命令，弹出"合成设置"对话框，在"合成设置"对话框中，"合成名称"框中修改为"城市夜景"，"预设"中选择"自定义"，设置合成的"宽度"为1280px，"高度"为720px，"像素长宽比"设为"方形像素"，"帧速率"设为"25帧/秒"，"持续时间"设为50秒，如图1-16所示，单击"确定"按钮。

注意： 如果已经建立了合成，又想修改合成参数值，则可以执行"合成"→"合成设置"命令重新设置合成参数。

图1-15 导入素材后的项目窗口

图1-16 "合成设置"对话框

(3) 在时间线上编辑素材

1) 在"项目"窗口中,将所有素材依次拖到"时间线"窗口中,在时间线上单击选定某个素材进行上下拖动,可以改变其上下排列的顺序。拖动时间线底部的缩放滑块，可以改变时间线的长度显示比例,将滑块移到最左边,可以显示时间线的全部长度。时间线上素材图层的上下排列位置,如图1-17所示。

图1-17 时间线上各素材上下排列位置

2) 单击"时间线"窗口左上角的"当前时间显示"按钮,修改当前时间为 0:00:05:00,按<Enter>键或者在空白地方单击,时间线指针就移动到了第5秒的位置。单击选定"城市夜景1.mp4",按<Alt+]>组合键,可以使"城市夜景1.mp4"的出点(结束位置)移动到第5秒。

向右拖动"城市夜景2.mp4",使得该素材的入点(开始位置)到当前位置,如图1-18所示。

图1-18 设置城市夜景1的出点及移动城市夜景2的开始播放位置

3) 将当前时间定位于"0:00:20:00",光标置于"城市夜景2.mp4"的出点处,光标变成左右箭头时,向左拖动,使得该素材的出点到当前时间位置,如图1-19所示。

图1-19 调整"夜景素材2.mp4"素材的出点位置

4) 向右拖动"城市夜景3.mp4",使得该素材的入点(开始位置)到当前位置"0:00:20:00",将当前时间指针移到"0:00:35:00",选定"城市夜景3.mp4",按<Alt+]>组合键，可以使"城市夜景3.mp4"的出点（结束位置）移动到该位置。

5）向右拖动"城市夜景4.mp4"，使得该素材的入点（开始位置）到当前位置"0：00：35：00"，将当前时间指针移到"0：00：44：00"，选定"城市夜景3.mp4"，按<Alt+]>组合键，可以使"城市夜景4.mp4"的出点（结束位置）移动到该位置。

6）单击选定"夜景背景音乐"素材层，按<Alt+]>组合键，可以使"夜景背景音乐.mp3"的出点（结束位置）移动到该位置。

> **注意：** 编辑素材的入点和出点时，如果素材时长较短，则可以将光标移到素材的开始或结束位置，光标变成左右箭头形状 时，拖拽鼠标进行移动即可改变素材的入点和出点；如果素材较长，看不到素材的开始或结束位置，可以先设置时间线指针的位置，再选中素材，按<Alt+[>或者<Alt+]>组合键来设定出入点。
>
> 按<Alt+[>组合键，可以剪掉当前指针前的素材；按<Alt+]>组合键，可以剪掉当前指针后的素材。

7）预览效果。因为在"合成设置"中设定持续时间为50秒，而编辑后的合成只有44秒，此时鼠标放置于时间线的工作区域 右端滑块上，向左拖拽至44秒处，确定预览和渲染的区域，单击"播放" 按钮或"RAM预览" 按钮进行预览，如图1-20所示。

图1-20 "预览"窗口

（4）渲染输出

执行"合成"→"添加到渲染队列"命令或按<Ctrl+M>组合键，将合成添加到"渲染队列"面板中，如图1-21所示。

图1-21 "渲染队列"面板

1）单击"渲染队列"面板中的"输出模块：无损"按钮，弹出"输出模块设置"对话框，如图1-22所示。在"格式"右侧的下拉选项中，选择要输出的视频格式，单击"确定"按钮。

2）单击"渲染队列"面板中的"输出到："按钮，弹出"将影片输出到："对话框，选择要保存视频的位置及要保存的文件名，单击"保存"按钮，如图1-23所示。

3）单击"渲染"按钮。渲染结束后，找到渲染出的视频文件，就可以在播放器中播放了。

渲染输出，也可以执行"文件"→"导出"→"添加到渲染队列"命令，其设置方法及其效果与前面介绍的方法相同。

图1-22 "输出模块设置"对话框

图1-23 "将影片输出到:"对话框

(5) 保存项目文件

为了使项目文件随时随地在不同的计算机上进行编辑或者修改,需要保存好源文件及其关联的素材,完成保存项目文件。

执行"文件"→"整理工程(文件)"→"收集文件"命令,弹出"收集文件"对话框,如图1-24所示。单击"收集"按钮,即可完成项目文件的保存。

注意: 初学者在使用AE CC软件进行学习时,由于对各个操作面板不熟悉,经常会出现操作界面混乱的时候,此时,要想恢复成标准工作区界面,执行"窗口"→"工作区"→"重置标准"命令,即可恢复。有时,无意中按下<Caps Lock>键,"合成"窗口下方出现一条红线,使得"合成"窗口无法显示,再按一次<Caps Lock>键,即可正常工作。

图1-24 "收集文件"对话框

项目拓展

《变速行驶》——快放、慢放、倒放

本项目通过对视频素材速度的调整,实现快放、慢放、倒放、定格、无极变速的效果。项目的制作效果,如图1-25所示。

第 1 单元　二维合成

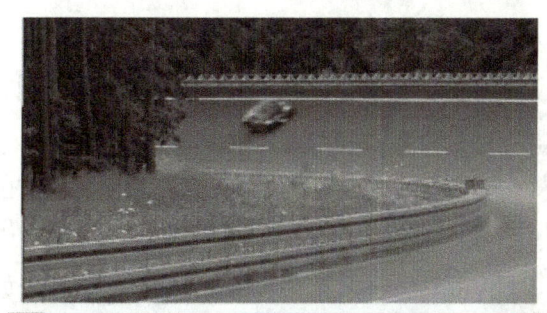

图1-25 《变速行驶》制作效果

制作步骤如下

（1）导入素材

启动AE CC软件，在"项目"窗口中右击，在弹出的快捷菜单中，执行"导入"→"文件"命令，导入项目1中的素材"汽车.mov"。

（2）新建合成

在"项目"窗口中单击素材"汽车.mov"，"项目"窗口中显示素材的属性，分辨率为1280×720，如图1-26所示。再在"项目"窗口中右击，在弹出的快捷菜单中，执行"新建合成"→"文件"命令。在弹出的"合成设置"对话框中将"合成名称"改为"变速行驶"，在"预设"中选择"自定义"，设置合成的"宽度"为1280px，"高度"为720px，"像素长宽比"为"方形像素"，"帧速率"为"25帧/秒"，"持续时间"为50秒。

图1-26　素材的属性

（3）将素材拖到"时间线"窗口

将"项目"窗口中的"汽车.mov"拖拽到"时间线"窗口中，单击选定素材，按<Enter>键，修改图层的名称为"正常行驶"；再次将"项目"窗口中的"汽车.mov"拖拽到"时间线"窗口中，按<Enter>键，修改图层的名称为"快放"；依次将"汽车.mov"拖拽到"时间线"窗口中，分别修改名称为"慢放""倒放""定格""无极变速"，如图1-27所示。

图1-27　时间线中素材排列顺序

— 13 —

（4）快放效果设置

单击"时间线"窗口左上角的"当前时间显示"按钮，将时间指针定为"00:00:05:10"，即"正常行驶"图层的出点。

单击选定"快放"图层，向右拖动，使得"快放"图层素材的入点与"正常行驶"图层的出点对齐。右击"快放"图层，在弹出的快捷菜单中，执行"时间"→"时间伸缩"命令，在弹出的"时间伸缩"对话框中，设置"拉伸因数"为50，如图1-28所示。

（5）慢放效果设置

单击"时间线"窗口左上角的"当前时间显示"按钮，将时间指针定为"00:00:08:04"，即"快放"图层的出点。

单击选定"慢放"图层，向右拖动，使得"慢放"图层素材的入点与"快放"图层的出点对齐。右击"慢放"图层，在弹出的快捷菜单中执行"时间"→"时间伸缩"命令，在弹出的"时间伸缩"对话框中设置"拉伸因数"为200，如图1-29所示。

图1-28　快放"时间伸缩"对话框

图1-29　慢放"时间伸缩"对话框

注意：对视频图层速度的调整，也可以单击"时间线"窗口左下方的 按钮，显示出图层与时间和速度相关的"入""出""持续时间""伸缩"栏，通过拖动"入""出"栏的数值调整素材层自身启用部分的入、出点，即剪切图层的入、出点，相当于按<Alt+[>组合键和<Alt+]>组合键的方式，如图1-30所示。

图1-30　拖动数值剪切入、出点

如果在"入""出"栏的数值上单击，则可以弹出对话框，输入的数值将移动图层在"时间线"窗口中的入、出点，即移动图层所处时间位置，相当于按<[>键和<]>键的方式。例如，在图层的"入"栏下单击数值，在弹出的"开始时间时图层"对话框中输入100，即1秒，如图1-31所示，此时图层的入点移到第1秒处，如图1-32所示。

利用拖动或单击的方式调整"持续时间""伸缩"栏的数值，也可以修改素材图层的速度，从而也影响素材层的长度，调整方法与执行菜单命令来调整快放、慢放的方法一样。

图1-31 "开始时间时图层"对话框

图1-32 单击输入数值后移动入、出点

（6）倒放效果设置

单击"时间线"窗口左上角的"当前时间显示"按钮，将时间指针定为"00：00：18：23"，即"慢放"图层的出点。

单击选定"倒放"图层，向右拖动，使得"倒放"图层素材的入点与"慢放"图层的出点对齐。右击"倒放"图层，在弹出的快捷菜单中，执行"时间"→"时间反向图层"命令，实现倒放效果。此时，"时间线"窗口，如图1-33所示。

图1-33 "时间线"窗口显示

（7）定格效果设置

1）将当前时间指针移到"00：00：24：08"位置，单击选定"定格"图层，向右拖动，使得"定格"图层素材的入点与"倒放"图层的出点对齐。如果要想在"00：00：28：16"位置出现定格效果，把当前时间指针移动到该位置，执行"编辑"→"拆分图层"命令，将该素材剪成两段，并且占用了两个图层，如图1-34所示。

图1-34 拆分图层

2）单击"合成"窗口下方的"拍摄快照"按钮，按<Ctrl+Alt+S>组合键进行保存当前的快照，弹出"渲染队列"面板，单击"输出到："按钮，如图1-35所示，选择保存图片的位置，单击"渲染"按钮，然后在"项目"窗口中双击（本项目操作渲染保存的图片名称为88888.jpg），导入刚渲染出的图片。

图1-35　渲染当前拍摄的图片

3）将"项目"窗口中的图片素材拖拽到拆分的两个图层之间，向右拖动图片，使得图片的入点到"00：00：28：16"位置，单击选定图片图层，将当前指针定位到"00：00：30：16"位置，按<Alt+]>组合键进行剪切，使得图片播放时长2秒。

4）拖动"定格.mov2"素材（即刚才拆分后的后段素材），使得该图层素材的入点到"00：00：30：16"位置，此时，"时间线"窗口，如图1-36所示。

图1-36　"时间线"窗口

注意：在移动一个素材的入点与另一个素材的出点进行对齐时，要把"时间线"窗口下方的放大滑块拖到右端，可以精确设定两个素材是否对齐，进行无缝连接。

（8）无极变速效果设定

无极变速效果就是使得素材开始和结束是以原速度行驶，中间部分为逐渐放慢和逐渐恢复速度的效果。

1）将时间指针拖拽到"00：00：31：21"位置，向右拖拽"无极变速"素材，使得素材的入点到"00：00：31：21"位置。单击选中"无极变速"图层，执行"图层"→"时间"→启用"时间重映射"命令，图层下就添加"时间重映射"属性，在素材的入点和出点自动添加了关键帧，此时，将原图层的出点向后延长，那么，延长的部分为出点位置的静帧画面，如图1-37所示。

图1-37　启用"时间重映射"

2）原素材时长为5秒第10帧，计划将原素材第2～4秒之间做慢放，并且为速度递减和递增的效果。将时间指针移到 33 秒第 21 帧和 35 秒第 21 帧的位置，分别单击"时间重映射"前面的 ◆ 按钮，添加两个关键帧，如图 1-38 所示。

图1-38　添加两个关键帧

3）选中右侧两个关键帧，同时向右移 2 秒的距离，即原 35 秒第 21 帧的关键帧移到 37 秒第 21 帧的位置，如图 1-39 所示。

图1-39　增加关键帧间距

4）单击时间轴上部的 按钮，切换到"图表编辑器"，选择图表类型为"编辑速度图表"，选中"时间重映射"属性，查看第 2 个、第 3 个关键帧之间的视频速度降为原来的 50%，此时速度为直接变化，如图 1-40 所示。

图1-40　在"图表编辑器"中查看

5）选中第2个、第3个关键帧，单击 按钮，将关键帧转变为自动贝塞尔曲线，此时速度的变化变得缓和，即从100%逐渐降低到80%及更低速度下降，并在之后逐步恢复到100%的速度，如图1-41所示。

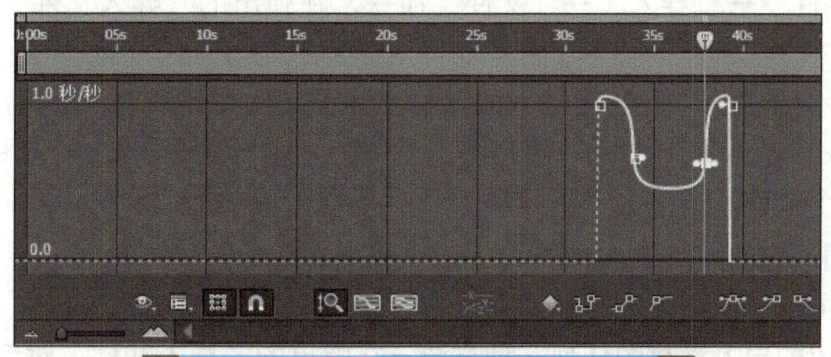

图1-41　转变为自动贝塞尔曲线

(9)预览效果

单击"预览"面板中的"播放" ▶ 按钮，进行效果预览。发现从 45 秒第 19 帧之后是无内容的，将工作区的右端滑块 ▮ 拖到 45 秒第 19 帧位置。

（10）渲染输出

若对效果感到满意时，可以执行"合成"→"添加到渲染队列"命令，在"渲染队列"面板中单击"输出到："右侧的文件名，在弹出的"将影片输出到："对话框中设置影片名称和保存位置，单击"保存"按钮；单击左下角"输出模块："右侧的"无损"按钮，在弹出的"输出模块设置"对话框中单击"格式"右侧的下拉按钮，设置视频的输出格式为 FLV 格式，单击"确定"按钮退出对话框，单击"渲染"按钮进行渲染。

（11）保存项目文件

执行"文件"→"整理工程（文件）"→"收集文件"命令，完成项目文件保存工作。

项目 2　关键帧动画

学习目标

1）掌握导入不同类型素材的方法。
2）掌握 AE CC 素材基本属性关键帧动画的设置方法。
3）掌握路径自动定向的方法。
4）掌握素材沿路径运动动画的设置方法。

知识准备

1．导入素材的方法

导入素材的方法有以下几种：

1）在"项目"窗口中双击，在弹出的"导入文件"对话框中选择要导入的文件。

2）在"项目"窗口中右击，在弹出的快捷菜单中执行"导入"→"文件"命令，在弹出的"导入文件"对话框中选择要导入的文件。

3）执行"文件"→"导入"→"文件"命令，在弹出的"导入文件"对话框中选择要导入的文件。

4）在资源管理器中直接拖拽要导入的素材文件或文件夹到"项目"窗口中。

5）按 <Ctrl+I> 或 <Ctrl+Alt+I> 组合键。<Ctrl+I> 组合键可导入单个文件；<Ctrl+Alt+I> 组合键可导入多个文件。

2．导入不同类型的素材

（1）视频、图片、音频文件的导入

按照前面介绍的导入素材的任何一种方法，在弹出的"导入文件"对话框中选择要导入的文件即可。

（2）psd 文件的导入

导入 psd 文件时，会弹出"解释素材"对话框，如图 2-1 所示。

1）忽略：忽略透明信息。

2）直接－无遮罩：将透明信息保存在独立的 Alpha 通道中。

3）预乘－有彩色遮罩：透明信息可存放在 Alpha、R、G、B 通道中。

4）猜测：由系统决定 Alpha 通道类型。

（3）多层 psd 文件的导入

多层 psd 文件在导入时有 3 个选项，如图 2-2 所示。

图2-1 "解释素材"对话框

图2-2 多层psd文件导入对话框

1）素材：它有两个选项，"合并的图层"是指合并所有的图层作为一个素材进行导入。"选择图层"可以将想要的单个图层内容导入进来。

2）合成：将 psd 文件作为一个合成文件全部导入进来，每个层作为合成内的一个素材层。

3）合成－保持图层大小：将 psd 文件作为一个合成文件全部导入进来，每个层作为合成内的一个素材层，而且各个层的大小可独立调整。

（4）序列文件的导入

在"导入文件"对话框中，单击选中第1个图片，再勾选"JPEG序列"复选框，则序列图片作为一个素材导入进来，如图2-3所示。

图2-3 "导入文件"对话框

3. 建立合成的方法

建立合成的方法有以下几种。

1）执行"合成"→"新建合成"命令。

2）在"项目"窗口中，单击"新建合成"按钮 。

3）在"项目"窗口中，将某个素材拖拽到"新建合成"按钮 上，将建立一个与素材大小一致的合成。

4）在"项目"窗口中右击，在弹出的快捷菜单中，执行"新建合成"命令。

5）使用<Ctrl+N>组合键。

4. 素材的分类管理

在"项目"窗口中，单击"新建文件夹"按钮可以建立多个文件夹，将不同类别的素材分别存放到文件夹中进行分类管理，方便查找与使用。例如，分别建立"图片"文件夹、"视频"文件夹、"音频"文件夹等。

5. 关键帧

在使用计算机制作动画时，动画中关键位置的帧就是关键帧，通过控制相邻关键帧的属性，完成动画的制作。

1）添加关键帧。选中要建立关键帧的图层，展开图层属性，单击某个相应属性参数前面的"钟表" 按钮，启动关键帧，在时间线上就添加了一个关键帧标记 。当要添加第2个或多个关键帧时，时间指针移到新的位置，在时间线钟表的左侧单击 按钮，就添加了下一个关键帧。

2）移动关键帧。选中要移动的关键帧，拖拽到目标位置即可。如果要同时移动多个关键帧，用鼠标框选多个关键帧，按住鼠标左键拖拽到目标位置，选中的多个关键帧的相对位置保持不变。

3）复制关键帧。选中要复制的关键帧，按<Ctrl+C>组合键进行复制，然后将时间指针移到目标位置，按<Ctrl+V>组合键进行粘贴，完成复制关键帧的工作。

4）删除关键帧。选中要删除的关键帧，按<Delete>键即可。

5）改变关键帧的属性。选中要编辑的图层，在属性数值编辑栏中，按住鼠标左右拖动，数值就发生了变化，或者在属性编辑栏中右击，在弹出的列表框中，执行"编辑值"命令，在对话框中输入相应属性的值进行设置。

6. 自动对齐路径方向

素材在运动过程中，如果不设定"自动方向"属性，则素材永远保持原来的姿势与方向运动，不能随运动路径方向的改变而改变。设置自动对齐路径方向的方法是，在时间线上，选中设置了关键帧的素材，执行"图层"→"变换"→"自动方向"命令，在弹出的"自动方向"对话框中选择第2项"沿路径定向"，单击"确定"按钮，此时再检查素材的初始状态，将其方向调整为沿路径方向即可，如图2-4所示。

7．反转关键帧

反转关键帧可以实现沿原路返回，但不是倒放的效果。先选中（框选）要反转的这一组关键帧，执行"动画"→"关键帧辅助"→"时间反向关键帧"命令。

8．翻转动画

翻转分水平翻转与垂直翻转。翻转动画的设置方法是：选中要翻转的图层，展开"缩放"属性，在"缩放"属性的参数值上右击，在下拉选择框中执行"编辑值"命令，在"缩放"对话框中，"保留"下拉列表中，选择"无"，如图2-5所示，在第1个时间值，单击素材图层的"缩放"属性左边的"钟表"按钮，启动缩放关键帧。

图2-4 "自动方向"对话框

图2-5 "缩放"对话框

将时间指针移到下一个时间位置，如果要设置水平翻转，则将"缩放"属性的X值设定为"-100"，如图2-6所示；如果要设置垂直翻转，则将"缩放"属性的Y值设定为"-100"。

图2-6 关键帧设置

项目实施

《行驶》——关键帧动画

本项目通过《行驶》项目的制作，对psd类型素材的导入、关键帧的添加、调整路径的节点、自动沿路径方向的设定、时间反向关键帧等过程的学习，掌握AE CC关键帧动画的设置方法。项目完成后的效果，如图2-7所示。

图2-7 《行驶》的制作效果

> **制作步骤如下**

(1) 新建合成

启动 AE CC 软件,执行"合成"→"新建合成"命令,在打开的"合成设置"对话框中,将"合成名称"命名为"行驶","预设"为"PAL D1/DV","持续时间"为 20 秒,单击"确定"按钮,如图 2-8 所示。

(2) 导入素材

执行"文件"→"导入"→"文件"命令,在"导入文件"对话框中选定"公路 .png"素材和"汽车 .psd"素材。在导入过程中,系统会出现"解释素材"对话框,如图 2-9 所示,单击"猜测"按钮由系统判断处理后,单击"确定"按钮。

图2-8 "合成设置"对话框

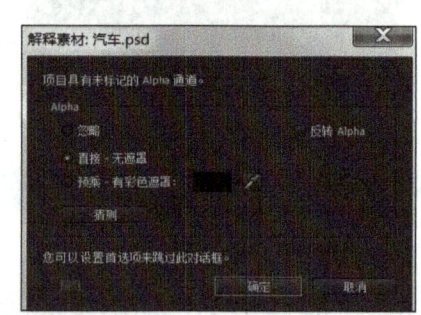

图2-9 "解释素材"对话框

(3) 素材加载到时间线上

将"项目"窗口中的"汽车 .psd"拖到时间线上,将"公路 .png"素材拖到"汽车 .psd"素材图层的下面,并单击"公路 .png"图层的"锁定"按钮锁定该图层,如图 2-10 所示。

图2-10 将素材加载到时间线上

(4) 制作汽车运动动画

1) 在时间线上选中汽车,将其拖到"合成"窗口右端公路的入口处,单击"工具"面板中的"旋转工具"■，鼠标变成箭头，在汽车的任何一个变换句柄上，按住鼠标左键进行旋转，使得车头方向对准公路的方向，如图 2-11 所示。

2）展开汽车图层的"变换"属性，单击"位置"属性前面的"钟表"按钮，添加第一个关键帧，如图 2-12 所示。

图2-11　调整车头初始方向

图2-12　添加0秒时的关键帧

3）将时间指针移到 2 秒处，用"选择工具"指向汽车，然后拖拽到相应的位置，单击时间线上，"位置"左边的 ■ "添加关键帧"按钮。再分别在第 4 秒、6 秒、8 秒位置，分别移动汽车到相应位置并分别添加关键帧，如图 2-13 所示。

4）单击"预览"面板中的"播放"按钮，发现汽车行驶的路径与公路的弯曲形状不相符，可以单击"工具"面板中的"选择"工具，再单击"合成"窗口中的位置运动路径上的节点，拖动调整节点的位置和节点处的切线方向，使得路径弯曲的形状与公路弯曲相符，如图 2-14 所示。

图2-13　汽车的相应时间位置及关键帧

5）发现行驶过程中汽车的车头没有随着公路的转弯而改变方向，将时间指针移到 0 秒位置，选中汽车图层，执行"图层"→"变换"→"自动方向"命令，弹出"自动方向"对话框，选择"沿路径定向"，单击"确定"按钮，如图 2-15 所示。

图2-14　调整路径节点的位置及节点切线方向

图2-15　"自动方向"对话框

6）单击"预览"面板中的"播放"按钮，发现汽车的行驶是按照路径方向正确行驶，如图2-16所示。

图2-16 预览效果

（5）制作汽车沿原路返回动画

单击选定"汽车"图层，执行"编辑"→"重复"命令，将复制一个"汽车"图层，选定下方的"汽车"图层，按<Enter>键，重命名为"反向汽车"，鼠标拖拽该图层的入点到"00：00：08：00"处，框选该图层的所有关键帧（5个关键帧），执行"动画"→"关键帧辅助"→"时间反向关键帧"命令，拖动"时间线"窗口上"工作区域"滑块至"00：00：16：00"处，此时，"时间线"窗口，如图2-17所示。

图2-17 "时间线"窗口

（6）预览效果

单击"预览"面板中的"播放"▶按钮，进行效果预览。

（7）渲染输出

若对预览效果感到满意时，可以执行"合成"→"添加到渲染队列"命令，在"渲染队列"面板中单击"输出到："右侧的文件名，在弹出的"将影片输出到："对话框中设置影片名称和保存位置，单击"保存"按钮；单击左下角"输出模块"右侧的"无损"按钮，在弹出的"输出模块设置"对话框中单击"格式"右侧的下拉按钮，设置视频的输出格式为FLV格式，单击"确定"按钮退出对话框，单击"渲染"按钮进行渲染。

（8）保存项目文件

执行"文件"→"整理工程（文件）"→"收集文件"命令，完成项目文件保存工作。

第1单元 二维合成

项目拓展

《小球绕指定的路径运动》——沿路径运动动画

本项目通过使用钢笔工具画出的曲线路径，设置小球沿路径运动的动画，掌握素材沿指定路径运动的动画制作方法。项目完成后的效果，如图2-18所示。

图2-18 《小球绕指定的路径运动》制作效果

制作步骤如下

1）导入素材：启动 AE CC 软件，在"项目"窗口中右击，在弹出的快捷菜单中，执行"导入"→"文件"命令，导入项目2中的素材"足球.psd"。

2）新建合成：执行"合成"→"新建合成"命令。在弹出的"合成设置"对话框中将"合成名称"命名为"小球沿路径运动"，在"预设"中选择"PAL D1/DV"，设置合成的"宽度"为720px，"高度"为576px，"帧速率"为"25帧/秒"，"持续时间"为8秒。

3）在"时间线"窗口中右击，在弹出的快捷菜单中，执行"新建"→"纯色"命令，弹出"纯色设置"对话框，如图2-19所示，设定"名称"为"白色"，并在"颜色"框中，单击"颜色"方框，选取"白色"，单击"确定"按钮。

4）单击选定建立的"白色"图层，按<Enter>键，重命名图层为"路径"图层，再次选中"路径"图层，单击"工具"面板中的"钢笔工具"按钮，在"合成"窗口中，单击鼠标添加一个点，在第2个位置单击并按住左键调整路径的弯曲平滑度，依次单击后续几个位置，形成一条路径，如图2-20所示。

图2-19 "纯色设置"对话框

图2-20 使用"钢笔工具"画出的路径

5）在时间线中，右击"路径"图层，在弹出的快捷菜单中，执行"效果"→"生成"→"描边"命令，弹出"效果控件"面板，设定"颜色"为"蓝色"，"画笔大小"为5，如图2-21所示。

6）在"项目"窗口中，将"足球.psd"拖到"路径"图层的上方，单击"路径"图层左边的按钮，展开"路径"图层的属性，如图2-22所示。选定"蒙版路径"属性，按<Ctrl+C>组合键复制属性。

图2-21 描边特效设置

图2-22 展开"蒙版路径"属性

7）展开"足球.psd"图层的"变换"属性，选定"位置"属性，按<Ctrl+V>组合键粘贴属性，修改"缩放"的参数值为35%。"时间线"窗口，如图2-23所示。拖动最后一个关键帧于8秒位置，单击"预览"按钮，发现足球绕蓝色路径匀速运动。

图2-23 "足球.psd"图层的属性设置

8）调整运动速度：将第2个关键帧拖到1秒处、第3个关键帧拖到2秒处、第4个关键帧拖到2秒第15帧处、第5个关键帧拖到3秒处、第6个关键帧拖到3秒第15帧处，单击"预览"按钮，发现足球绕蓝色路径运动时，从第2个关键帧至第6个关键帧速度运动速度明显加快，第6个关键帧之后速度最慢。

9）实现足球运动时并转动的效果。在0秒处，单击"旋转"属性左边的"钟表"按钮，启动"旋转"属性的关键帧，设置参数为 0x+0.0°，时间指针移到出点，即8秒处，添加一个关键帧，并设置参数为 -2x+0.0°，即旋转两周。

10）预览效果：单击"预览"面板中的"播放"按钮，进行效果预览。

11）渲染输出：若对预览效果感到满意时，可以执行"合成"→"添加到渲染队列"命令，在"渲染队列"面板中单击"输出到："右侧的文件名，在弹出的"将影片输出到："对话框中设置影片名称和保存位置,单击"保存"按钮;单击左下角"输出模块:"右侧的"无损"按钮,在弹出的"输出模块设置"对话框中单击"格式"右侧的下拉按钮,设置视频的输出格式为FLV格式,单击"确定"按钮退出对话框,单击"渲染"按钮进行渲染。

12)保存项目文件

执行"文件"→"整理工程(文件)"→"收集文件"命令,完成项目文件保存工作。

项目3 父子关系

学习目标

1)掌握多图层动画的设置方法。
2)掌握改变素材锚点的方法。
3)掌握改变层模式、预合成及合成嵌套的方法。
4)掌握设置父子关系的方法。

知识准备

1. 层及层的产生方式

层是AE CC的基础,所有的素材在编辑时都是以层的方式显示在"时间线"窗口中。画面的叠加是层与层之间的叠加,滤镜效果也是施加在层上的,文字、灯光、摄像机等都是以层的方式出现并被操作的,"层"在AE CC中是非常重要的。

产生层的方式有5种:

1)利用素材产生层:是将"项目"窗口中导入的素材拖拽到"时间线"窗口或"合成"窗口中,产生合成的素材层。

2)利用合成产生层:是将一个合成作为一个层添加到另一个合成中,这种方式也称为合成嵌套。

3)建立纯色层:通常是为了在合成中加入背景图层、添加特效、利用蒙版和层属性建立图形等。

4)建立调节层:是为其下方的层应用效果,而不是在层中产生效果。

5)预合成层:在合成中将某几个选定的层进行预合成为一个小合成而作为一个层嵌套在原合成中。

2. 层属性

将素材拖拽到时间线上,展开素材的图层属性,发现每个素材都有5个固定的基本属性,分别为锚点、位置、缩放、旋转、不透明度,每个属性的左侧有一个"钟表"按钮,作为启动关键帧按钮，如图3-1所示。

图3-1　图层的基本属性

1）锚点属性：图层的位置、旋转和缩放都是基于锚点来操作的，当进行位移、旋转或缩放操作时，锚点的位置不同，得到的视觉效果也不同。展开锚点属性的快捷键是<A>键。

2）位置属性主要用来制作图层的位移动画。展开位置属性的快捷键为<P>键。

3）缩放属性可以以锚点为基准来改变图层的大小，二维图层的缩放属性由X轴和Y轴两个参数组成，三维图层的缩放属性由X轴、Y轴和Z轴三个参数组成，在缩放图层时，开启图层缩放属性前面的"锁定缩放"按钮，可以进行等比例缩放。展开缩放属性的快捷键为<S>键。

4）旋转属性是以锚点为基准旋转图层。二维图层的旋转属性由"圈数"和"度数"两个参数组成，如2×50°（表示旋转2圈又50°），对于三维图层的缩放属性有四个参数，分别是方向、X轴旋转、Y轴旋转和Z轴旋转，如图3-2所示，其中方向可同时设定X、Y、Z三个轴的方向。展开缩放属性的快捷键为<R>键。

图3-2　三维图层旋转属性

5）不透明度属性是以百分比的方式来调整图层的透明度。展开不透明度属性的快捷键为<T>键。

3．层的基本操作

层的基本操作包括层的选择、设置入出点、层的复制、层的自动排序等。

1）选择层：操作图层时，首先要选定该层，AE CC支持用户对层进行单个或多个的选择，利用工具栏上"选取工具"单击时间线上要选择的层。如果要选择多个层，可配合<Ctrl>键或<Shift>键。

2）重命名图层：首先在"时间线"窗口选中要修改名称的层，然后按<Enter>键，再输入新的名称即可。

3）层的删除：在"时间线"窗口选择要删除的层，按<Delete>键即可。

4）层的复制：在"时间线"窗口选择要复制的层，按<Ctrl+D>组合键即可。

5）拆分图层：按住<Shift+Ctrl+D>组合键或者执行菜单命令"编辑"→"拆分图

层"，可以将时间线上选中的素材在当前时间指针处截为两部分。这样的操作可以保留被剪辑的两个部分，继续进行处理。

6）层的替换：在"时间线"窗口中选择要替换的层，按住<Alt>键，在"项目"窗口中，选择另一个素材到要替换的层的位置。

7）层的精确对位：在"时间线"窗口中，将素材精确地放到某个时间处，一般是用素材的入点进行时间对位。按住<Shift>键，在"时间线"窗口中拖拽层进行移动，会强制层的起点和当前时间标志，与另一层的入点或出点对齐。

8）设置层入出点：双击要修改层的合成图像窗口，就可切换到层的设置窗口。在层窗口中，移动入点和出点的标识到新入点和出点的位置。

9）层的自动排序：在后期剪辑的过程中，很多时候需要将大量的素材进行首尾相连，如果采取人工的方式无疑是十分麻烦的一件工作，需要一直不停地将层的首尾位置进行移动，如果需要对素材进行转场特效设置更会给操作带来巨大的麻烦，而在AE CC中提供了十分智能的"序列图层"操作来对层进行自动排序。

全选图层，然后执行"动画"→"关键帧辅助"→"序列图层"命令，打开"序列图层"对话框，如果不需要层与层之间有重叠的转场特效，可直接单击"确定"按钮。操作后，层从上到下排序，如果想手动选择层的先后顺序，可先选中需要让它位于最前面的层，按住<Ctrl>键，再按排列顺序依次单击选择图层，即可完成手动选择排序。

4. 层模式

1）正常模式：当不透明度设置为100%时，此合成模式将根据Alpha通道正常显示当前层，并且层的显示不受其他层的影响；当不透明度设置小于100%时，当前层的每一个像素点的颜色将受到其他层的影响，根据当前的不透明度值和其他层的色彩来确定显示的颜色。

2）溶解模式：该合成模式将控制层与层间的融合显示。因此该模式对于有羽化边界的层起到较大的影响。如果当前层没有遮罩羽化边界或该层设定为完全不透明，则该模式几乎不起作用。所以该模式最终效果受到当前层的Alpha通道的羽化程度和不透明度的影响。

3）动态抖动溶解模式：该模式和溶解模式相同，但它对融合区域进行了随机动画。

4）变暗模式：用于查看每个通道中的颜色信息，并选择基色或混和色中较暗的颜色作为结果色。

5）变亮模式：与变暗模式相反，用于查看每个通道中的颜色信息，并选择基色或混合色中较为明亮的颜色作为结果色。比混合色暗的像素被替换，较亮的则保持不变。

6）相乘模式：一种减色混合模式，将基色与混和色相乘，形成一种光线透过两张叠加在一起的幻灯片效果，结果呈现出一种较暗的效果。任何颜色与黑色相乘产生黑色，与白色相乘则保持不变。

7）屏幕模式：一种加色混合模式，将混合色和基色相乘，呈现出一种较为亮的效果。该模式与相乘模式相反。

8）线性加深：用于查看每个通道中的颜色信息，并通过减小亮度使基色变暗以反映混和色。与黑色混合则不变化。

9）线性减淡：用于查看每个通道中的颜色信息，并通过增加亮度使基色变亮以反映混合色。与黑色混合不发生任何变化。

10）颜色加深模式：通过增加对比度使基色变暗以反映混和色，若混合色为白色则不发生变化。

11）颜色减淡模式：通过减小对比度使基色变亮以反映混合色，若混合色为白色则不发生变化。

12）经典颜色加深模式：通过增加对比度使基色变暗以反映混合色，优化于颜色加深模式。

13）经典颜色减淡模式：通过减小对比度使基色变亮以反映混合色，优化于颜色减淡模式。

14）相加模式：将基色与混合色相加，得到更为明亮的颜色。混合色为纯黑或纯白时不发生变化。

15）叠加模式：复合或过滤颜色，具体取决于基色。颜色在现有的像素上叠加，同时保留基色的明暗对比。不替换颜色，但是基色与混和色相混以反映原色的亮度或暗度。该模式对于中间色调影响较明显，对于高亮度区域和暗调区域影响不大。

16）柔光模式：使颜色变亮或变暗，具体取决于混合色。此效果与发散的聚光灯照在图像上相似。若混合色比50%灰色亮则图像就变亮好比被减淡了一样；若比50%灰色暗则图像变暗就像被加深了一样。用纯黑或纯白色绘画产生明显较暗或较亮的区域，但不会产生纯黑或纯白色。

17）强光模式：符合或过滤颜色，具体取决于混合色。与耀眼的聚光灯照在图像上相似。若混合色比50%灰色亮则图像就变亮像过滤后的效果，这对于向图像中添加高光非常有用；若混合色比50%灰色暗则图像就变暗就像复合后的效果，有利于向图像中添加暗调。用纯黑或纯白色绘画会产生纯黑或纯白色。

18）线性光模式：通过减小或增加亮度来加深或减淡颜色，具体取决于混和色。若混合色比50%灰色亮则通过增加亮度使图像变亮；混合色比50%灰色暗则通过减小亮度使图像变暗。

19）亮光：通过减小或增加亮度来加深或减淡颜色，具体取决于混和色。若混合色比50%灰色亮则就减小对比度使图像变亮；若混合色比50%灰色暗则通过增加对比度使图像变暗。

20）点光：替换颜色，具体取决于混合色。若混合色比50%灰色亮则替换比混合色暗的像素而不改变比混和色亮的像素；若混合色比50%灰色暗，则替换比混合色亮的像素，而不改变比混合色暗的像素，这对于向图像中添加特效时非常有用。

21）差值：从基色中减去混合色或从混合色中减去基色，具体取决于哪个颜色的亮度更大。与白色混合将翻转基色值；与黑色混合则不发生变化。

22）典型差值：从基色中减去混合色或从混合色中减去基色，优于差值模式。

23）排除：创建一种与差值模式相似但对比度更低的效果与白色混合将翻转基色值；与黑色混合则不发生变化。

24）色相：用基色的亮度和饱和度以及混合色的色相创建结果色。

25）饱和度：用基色的亮度和色相以及混合色的饱和度创建结果色。在无饱和度（灰色）的区域上用此模式绘画不会发生变化。

26）颜色：用基色的亮度以及混合色的色相和饱和度创建结果色，这样可以保留图像中的灰阶，并且对于给单色图像上色和给彩色图像着色都非常有用。

27）亮度：用基色的色相和饱和度以及混合色的亮度创建结果色，效果与颜色模式相反。该模式是除了正常模式以外唯一能够完全消除纹理背景干扰的模式。

上述的层模式，通过混和色和基色的颜色通道影响而进行混色变化。AE CC 中还可以通过 Alpha 通道影响混合变化。

28）Alpha 通道模版：该模式可以穿过 Stencil 层的 Alpha 通道显示多个层。

5．设置对象的锚点

锚点是对象的旋转和缩放等设置的坐标中心，随着锚点位置的变化，对象的运动状态也会发生变化。

1）手动方式改变锚点位置：单击"工具"面板内的■按钮，在"合成"窗口中拖拽锚点到新的位置来改变锚点的位置。其优点是可以随时在"合成"窗口中观察锚点的位置移动情况。

2）以数字方式改变锚点的位置适合于需要精确对位的动画，使用者需要将一个对象的中心点和另一个对象对齐的时候，可以采用这种方式。用户需要对锚点属性进行设置，展开素材的锚点属性，右击锚点的参数值，在出现的菜单中执行"编辑值"命令，弹出"锚点"对话框，在对话框中设置 X 与 Y 的值，如图 3-3 所示。

图3-3　精确设置锚点的位置

6．父子关系

在影视合成中，有时需要让一个素材跟随另一个素材进行各种变换，可以建立这两个素材的父子关系，只要变换父素材的属性，子素材的属性也会同步发生变化。

方法是：将两个素材拖到时间线上，单击时间线上子素材对应的父级栏的下拉列表，指定相应的图层为父图层，如图 3-4 所示。

图3-4　设定"照片2"的父级为"照片1"

7．预合成

在一个合成中，选中需要合并的图层，执行"图层"→"预合成"命令，或者按<Ctrl+Shift+C>组合键，弹出"预合成"对话框，在"新合成名称"中输入新合成的名称，选择第 2 项，这些图层将以一个合成层的形式出现，如图 3-5 所示。

8．合成嵌套

将"项目"窗口中已经编辑好的一个合成，拖到一个新建的合成中，形成合成嵌套，如图 3-6 所示。

图3-5 "预合成"对话框

图3-6 "合成2"中嵌套了"合成1"

项目实施

《花开争艳》——父子关系

本项目通过制作多图层动画，利用合成嵌套、建立父子关系、调整锚点的位置等实现复杂的精彩动画。项目的制作效果，如图3-7所示。

图3-7 《花开争艳》制作效果

制作步骤如下

（1）新建合成

启动 AE CC 软件，执行"合成"→"新建合成"命令，在打开的"合成设置"对话框中，将"合成名称"命名为"合成1"，设置合成的"预设"为"自定义"，尺寸为720像素×576像素，"像素长宽比"设为"方形像素"，"帧速率"设为25帧/秒，"持续时间"为20秒，背景颜色为白色。

（2）导入素材

在"项目"窗口中的空白地方双击，弹出"导入文件"对话框，选择要导入的素材，将所有素材导入到"项目"窗口中,并进行分类管理,单击选定"花开.mp4"视频素材,发现素材的帧速率为29.97帧/秒,如图3-8所示,需要修改为25帧/秒。右击"花开.mp4"视频素材,执行"解释素材"→"主要"命令,弹出"解释素材"对话框,将"匹配帧速率"改为"25帧/秒",单击"确定"按钮,如图3-9所示。

图3-8 "项目"窗口

图3-9 "解释素材"对话框

(3)多图层动画同步设置

1)双击"项目"窗口中的图片文件夹,将"1.jpg""2.jpg""3.jpg""4.jpg"拖拽到"时间线"窗口中,按<Ctrl+A>组合键全部选中,按<S>键展开"缩放"属性,设置"缩放"为70%,单击"合成"窗口下方的"选择网格和参考线"按钮,在下拉选项中选择"网格""参考线",进行对齐参考,用鼠标分别拖动各素材的位置,调整好之后,隐藏网格和参考线,如图3-10所示。

图3-10 调整素材在合成中的位置

2)选中所有图层,按<P>键,展开"位置"属性,将时间指针移到第2秒处,分别启动4个图片素材的"位置"关键帧,再将时间指针移到第0秒处,按住<Shift>键,分别将4张图片沿水平和垂直方向拖到画面外,制作4张图片由画面外交叉移动到画面中的动画,如图3-11所示,单击"预览"面板中的"播放"按钮,预览一下效果。

3)将时间指针移到第2秒处,按<Ctrl+A>组合键或者在时间线上框选,全部选中4个素材,按<R>键,展开旋转属性,启动"旋转"关键帧,指针移到第4秒处,设置"旋转"参数为1周,如图3-12所示。

图3-11　0秒时素材的位置

图3-12　第4秒处素材的"旋转"属性设置

注意：<Shift>键在AE CC中起锁定的作用，配合该键进行操作，可以锁定水平、垂直移动层，按比例缩放层或者按45°旋转层等。另外，当<Caps Lock>键处于激活的状态下，"合成"窗口则无法显示影片内容，会出现一个红色方框。

(4) 合成嵌套

1) 执行"合成"→"新建合成"命令，新建一个合成，命名为"合成2"，合成2的参数与合成1参数设置相同。

2) 将"项目"窗口中的"合成1"拖拽到合成2的时间线中，将时间指针移到第4秒处，选中该图层，按<R>键，打开"旋转"属性，启动"旋转"关键帧；将时间指针移到第8秒处，设置"旋转"参数值为1周45°，使得4张图片同时做旋转动画，如图3-13所示。

3) 设置第4秒至第8秒时的"不透明度"动画效果。将时间指针移到第4秒处，按<T>键展开"不透明度"属性，按"不透明度"属性左侧的"钟表"按钮，启动"不透明度"关键帧，时间指针移到第5秒处，设置"不透明度"属性为50%，如图3-14所示。

(5) 设置电视素材动画

1) 在"项目"窗口中，在视频文件夹中，单击选定"动态背景.avi"素材，单击鼠标右键，在弹出的快捷菜单中，执行"解释素材"→"主要"命令，弹出"解释素材"对话框，设定"匹配帧速率"为"25帧/秒"，"循环"为7，如图3-15所示。

2) 在合成2中，将动态背景素材拖拽到时间线的底层，按<Ctrl+Alt+F>组合键，使得动态背景画面撑满整个合成窗口。在"项目"窗口中，将图片文件夹中的"Tv.tga"素材拖拽到时间线的最上层，将时间指针移到第2秒处，选中"Tv.tga"素材层，按<Alt+[>组合键，使得该图层的入点到第2秒处，如图3-16所示。

3) 制作电视的缩放动画：将时间指针移到第2秒处，选中"Tv.tga"素材层，按<S>键展开"缩放"属性，启动"缩放"关键帧，设置参数值为300%，将指针移到第3秒处，设置"缩放"数值为100%，预览效果，发现电视画面从中心向四周缩放。单击"工具"面板中的"向后平移（锚点）工具"，将锚点移到电视的左下角，这样电视就以左下角为中心进行缩放，如图3-17所示。

第1单元　二维合成

图3-13　第8秒处显示效果

图3-15　"解释素材"对话框

图3-14　第5秒处"不透明度"属性

图3-16　调整素材的入点于第2秒处

图3-17　锚点移到左下角

4) 制作电视的渐显动画：将时间指针移到第2秒处，按<T>键打开"不透明度"属性，启动"不透明度"关键帧，设置数值为0%，指针移到第3秒处，设置"不透明度"属性的值为100%。

5) 制作电视的旋转1周的动画：将时间指针移到第5秒处，按<R>键打开"旋转"属性，启动"旋转"关键帧，将时间指针移到第8秒处，设置"旋转"数值为1周，如图3-18所示。

图3-18　设置"旋转"属性

— 35 —

(6)建立电视与视频的父子关系

1)在"合成2"中,将"项目"窗口中"视频"文件夹中的"花开.mp4"素材拖拽到上层,拖动该图层在时间线上移动,使得其入点与电视的入点相同。

2)因为第2秒处电视的"不透明度"为0,看不到显示,无法对位。所以将时间指针移到第3秒处,设置"缩放"属性的值为50%,调整"位置"属性的Y值为257,X值不变。指定"花开.mp4"素材的"父级"为"Tv.tga",如图3-19所示。

图3-19 设置图层的父子关系

3)将时间指针移到第2秒处,选中"花开.mp4"素材,按<T>键打开"不透明度"属性,启动关键帧,设置该关键帧的参数值为0%。将时间指针移到第3秒处,设置该关键帧的参数值为100%,如图3-20所示。

图3-20 设置"不透明度"属性

(7)添加背景音乐

将"项目"窗口"音频"文件夹中的音频素材拖拽到"时间线"窗口的最下层。

(8)确定渲染区域

拖动时间线上的"工作区域"滑块,拖到"00:00:19:11"处,确保渲染区域中不至于有空白内容。

(9)预览效果

单击"预览"面板中的"播放" ▶ 按钮,进行效果预览。

(10)渲染输出

若对预览效果感到满意时,可以执行"合成"→"添加到渲染队列"命令,在"渲染队列"面板中单击"输出到:"右侧的文件名,在弹出的"将影片输出到:"对话框中设置影片名称和保存位置,单击"保存"按钮;单击左下角"输出模块:"右侧的"无损"按钮,在弹出的"输出模块设置"对话框中单击"格式"右侧的下拉按钮,设置视频的输出格式为FLV格式,单击"确定"按钮退出对话框,单击"渲染"按钮进行渲染。

（11）保存项目文件

执行"文件"→"整理工程（文件）"→"收集文件"命令，完成项目文件的保存工作。

项目拓展

《星球大战》——层模式应用

本项目通过制作多图层动画，利用层模式的改变、预合成的建立、图层属性的设置、特效的添加等，掌握层的概念、层的属性设置以及动画的设置方法。项目的制作效果，如图3-21所示。

图3-21 《星球大战》制作效果

制作步骤如下

（1）导入素材

启动AE CC软件，在"项目"窗口中双击，在打开的"导入文件"对话框中，选择所有的素材，进行导入。在"项目"窗口中，分别选中导入的"爆炸.mp4""飞行器.mp4""陨石.mp4"，执行"文件"→"解释素材"→"主要"命令，在打开的"解释素材"对话框中，将"匹配帧速率"由"30帧/秒"改为"25帧/秒"，如图3-22所示。由于"陨石.mp4"素材的时长较短，在其"解释素材"对话框中，将其"循环"值改为2，即循环2次，如图3-23所示。

图3-22 修改素材的帧速率　　　　　图3-23 设置"陨石.mp4"素材的循环次数

（2）创建合成

1）将"项目"窗口中的"飞行器.mp4"拖到"项目"窗口中下方的"新建合成"按钮上，就创建了一个与"飞行器.mp4"素材画面大小一致的合成。并且在时间线上自动添加了"飞行器.mp4"素材图层。此时，将该图层的"模式"改为"屏幕"模式，如图3-24所示。

2)将"项目"窗口中的"陨石.mp4"素材拖拽到"时间线"窗口中"飞行器.mp4"素材图层的下方,并将图层模式改为"屏幕"模式。按<S>键,打开"缩放"属性,将"缩放"值设为25%,并将缩小后的"陨石.mp4"拖拽到屏幕右侧边缘位置。将时间指针定位于0秒处,按<P>键,展开层的位置属性,单击"位置"左侧的"钟表"按钮,启动位置关键帧,将时间指针移动第4秒的位置处,按住<Shift>键,同时拖动"陨石.mp4"到屏幕左侧外边缘位置,产生了素材的位置移动动画,"合成"窗口,如图3-25所示。

图3-24 修改图层模式

图3-25 形成陨石的位置动画

(3)添加多个"陨石"层

1)将时间移到第2秒处,将"项目"窗口中的"陨石.mp4"素材拖拽到"合成"窗口的右侧,如图3-26所示。选中该图层,按<Enter>键,重命名为"中陨石.mp4",调整该图层的位置,使得"中陨石.mp4"图层到"飞行器.mp4"下方,设置该图层模式为"屏幕"。

2)选中"中陨石.mp4"图层,按<Ctrl+D>组合键,复制一个新图层,并且重命名为"大陨石.mp5",拖动"大陨石.mp5"层到"飞行器.mp4"上方,"时间线"窗口,如图3-27所示,设置该图层模式为"屏幕"。

图3-26 将"项目"窗口中的陨石拖到合成右侧

图3-27 "时间线"窗口

3)设置"中陨石.mp4"动画。选中该图层,按<S>键,将其缩小到50%,确保当前时间为第2秒处,按<P>键,展开位置属性,单击位置左侧的"钟表"按钮,启动位置关键帧,将时间指针定位于第7秒处,将该位置属性参数栏上拖动左侧的X坐标,使其位于屏幕外,如图3-28所示。

4)设置"大陨石.mp5"动画。将当前时间移到第2秒处,选中"大陨石.mp5"图层,按<P>键展开其位置属性,单击位置左侧的"钟表"按钮,启动位置关键帧,将时间指针定位于第7秒处,在"合成"窗口中按住<Shift>键水平移动"大陨石"到如图3-29所示的位置。

图3-28 "中陨石"位置移动动画

图3-29 "大陨石"位置移动动画

(4) 制作繁星点点的星空背景

1) 将时间指针定位于0秒处，执行"图层"→"新建"→"纯色"命令，在新建"纯色图层"对话框中，"名称"设置为"星空"，单击"确定"按钮。将"星空"图层拖拽到最下方。

2) 除"星空"图层外，暂时隐藏其他图层，单击其他图层各自左侧的"显示与隐藏" 👁 按钮可以隐藏。

3) 右击"星空"图层，在弹出的快捷菜单中，执行"效果"→"模拟"→"粒子运动场"命令，添加一个粒子特效。把时间指示器向后拖几帧，就可以看到粒子效果。

4) 在弹出的"特效控制"对话框中，展开"发射"选项，设置"方向"为90°，产生从左到右的发射方向，将粒子"颜色"改为白色。选中粒子开始处的"圆形发射器"图标，拖拽到"合成"窗口的左侧。

5) AE CC 默认，为粒子施加一个重力影响，而太空是没有重力的，因此，展开"重力"选项，设定"力"为0，如图3-30所示。

6) 再次展开"发射"选项，将"圆筒半径"设为250；"随机扩散方向"会产生一个飞溅扩散效果，当设为0时，则产生始终从左到右的水平移动；"速率"设定为550，速率决定了以何种速度喷射，"发射"参数设置，如图3-31所示。

图3-30 重力设为0时的粒子效果

图3-31 "发射"参数设置

取消对每个图层的"隐藏"显示，单击"预览"面板中的"播放"按钮，可以看到星空背景，但是，在影片开始部分是没有星空效果的，这是因为粒子还未喷射出来。在"时间线"窗口中选择"星空"图层，将其向左拖动，可以实现在开始时有星空效果。但是，星空的时长又不够了。单击"时间线"窗口左下角的 按钮，展开层的时间控制栏，拖动"伸缩"值，使其与合成的长度相同，如图 3-32 所示。

图3-32 修改图层的"伸缩"值

（5）实现大陨石的爆炸效果

1）再次暂时隐藏除"大陨石"图层外的其他图层。

2）因为爆炸需要全屏幕的，而当前大陨石层的尺寸小于合成的尺寸，一般情况下，特效都会被约束在层的大小空间中。选择"大陨石"图层，按 <Ctrl+Shift+C> 组合键进行预合成，在弹出的"预合成"对话框中选择第 2 项，单击"确定"按钮，如图 3-33 所示。

3）右击预合成"大陨石 .mp5 合成 1"图层，执行"效果"→"模拟"→"碎片"命令。在打开的"特效控制台"对话框中，"视图"设置为"已渲染"，这样就可以看到直观效果了。

图3-33 "预合成"对话框

4）将时间指针移到第 7 秒处，展开"作用力 1"选项，"强度"设为 50；单击"位置"右边的 按钮，"合成"窗口中会出现十字线，将其移到大陨石的中心。拖动"深度"右边参数的值，观察"合成"窗口中的效果，当"合成"窗口中出现没有爆炸的图像时停止拖动参数值，单击左边的"钟表"按钮，记录第一个关键帧，即爆炸将在当前时间开始之前，陨石保持正常状态，如图 3-34 所示。"深度"控制力的深度，即力在 Z 轴上的位置，"半径"的值越大，则目标受力面积也就越广，当力的半径为 0 时，目标则不会发生任何变化；"强度"值越高，碎片飞得越远，值为负，飞散方向与正值时相反，强度为 0 时，无法产生飞散的爆炸效果。

5）将"时间指示器"移动到 7 秒第 15 帧左右时，拖动"深度"的参数，设定为 0，可看到陨石爆裂成碎片四处飞散，如图 3-35 所示。预览影片看到，同前面使用粒子产生有相同的问题，爆破的碎片最后受重力的影响而下坠，展开"物理学"参数栏，将"重力"设为 0。

6）爆炸后应该产生极不规则的碎片效果，因此，展开"形状"参数栏，"图案"设为"玻璃"；"重复"设为 50，值越大，碎片越多；"凸出深度"设为 0.7，值越大，碎片越厚。

7）关闭"特效控制台"对话框，选中预合成"大陨石 .mp5 合成 1"图层，将时间指针移到 8 秒处，按 <T> 键展开不透明度属性，单击"钟表"按钮，激活关键帧，将时间指针移到 9 秒处，设定不透明度属性值为 0，实现爆炸后的碎片逐渐消失。

图3-34　特效设置

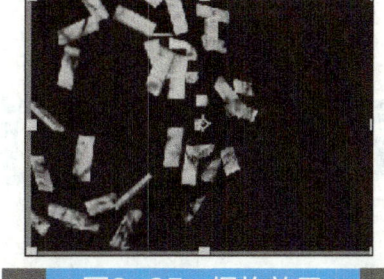

图3-35　爆炸效果

8）为陨石加入爆裂后产生的火焰。将时间指针移到 7 秒处，将"项目"窗口中的"爆炸 .mp4"素材，拖拽到时间线中"大陨石"图层之上，选中"爆炸"图层，单击"时间线"窗口左下角的■按钮，展开层的时间控制栏，拖动"伸缩"值，使其到原始速度的 20%，并将其入点拖到 7 秒处，如图 3-36 所示。移动"爆炸"素材的位置，使其与"大陨石"重叠，并且将其放大。

将"爆炸 .mp4"图层的层模式设为"屏幕"模式或"相加"模式，否则，"爆炸 .mp4"图层会覆盖"大陨石"图层及其他图层，看不到下面图层的效果。

图3-36　设置"爆炸"图层的速度及入点

（6）添加背景音乐

将"项目"窗口中的"配乐 .wav"素材拖拽到时间线的最下层，并恢复所有图层的显示。

（7）预览效果

因为有背景音乐，所以，单击"预览"面板中的"RAM 预览"按钮■进行预览。

（8）渲染输出

若对预览效果感到满意时，可以执行"合成"→"添加到渲染队列"命令，在"渲染队列"面板中单击"输出到："右侧的文件名，在弹出的"将影片输出到："对话框中设置影片名称和保存位置，单击"保存"按钮；单击左下角"输出模块："右侧的"无损"按钮，在弹出的"输出模块设置"对话框中单击"格式"右侧的下拉按钮，设置视频的输出格式为 FLV 格式，单击"确定"按钮退出对话框，单击"渲染"按钮进行渲染。

（9）保存项目文件

执行"文件"→"整理工程（文件）"→"收集文件"命令，完成项目文件的保存工作。

第 2 单元
蒙版与轨道遮罩

项目 4　蒙版动画制作

学习目标

1）掌握蒙版路径的建立与编辑方法。
2）掌握利用蒙版属性制作动画的方法。

知识准备

1. 蒙版

蒙版也称为遮罩，是指用线段和控制点来定义一个区域，以遮挡画面中的某一部分，从而提取需要的部分。提取图层某一部分用于合成、绘制矢量图、创建描边效果、被特效调用等。

2. 蒙版工具

1）规则蒙版工具。"工具"面板中的"矩形"组包括 5 种，如图 4-1 所示。

2）不规则蒙版工具。利用"工具"面板中的"钢笔工具"组，可以制作不规则的蒙版图层，包括 5 种工具，如图 4-2 所示。

图4-1　规则蒙版工具

图4-2　不规则蒙版工具

3. 建立蒙版的方法

（1）建立规则蒙版

1）在时间线上选中素材图层。

2）在"工具"面板中选择规则蒙版工具，在"合成"窗口中找到起始位置，按住鼠标左键拖动至结束位置。

> **注意：** 当按住<Shift>键拖拽时，可产生蒙版的宽和高为同比例。例如，选择"椭圆工具"并按住<Shift>键拖拽，可产生一个圆形的蒙版；当按住<Ctrl>键拖拽时，从蒙版中心开始建立蒙版。

（2）建立不规则蒙版

1）在时间线上选中素材。

2）利用"工具"面板中的"钢笔工具"，在"合成"窗口中找到起始位置，单击产生控制点。

3）将鼠标移到下一个控制点位置，单击产生控制点。根据需要，连续进行多个控制点的产生，直到最后单击第一个控制点，形成封闭的蒙版路径。

> **注意：** 单击产生控制点时，按住鼠标左键拖动，控制点会产生控制方向的控制柄，改变控制柄的方向和长度，将影响路径的弯曲程度，从而产生曲线蒙版路径。

（3）输入数据创建蒙版

1）选中素材图层。

2）执行"图层"→"蒙版"→"新建蒙版"命令，系统自动沿当前层边缘建立一个矩形蒙版。

3）执行"图层"→"蒙版"→"蒙版形状"命令，打开"蒙版形状"对话框，在"边界栏"中可输入蒙版的范围参数，并可设置单位；在"形状"栏中可选择蒙版形状，如矩形或椭圆形，如图4-3所示。

（4）使用第三方软件创建蒙版

AE CC可以使用Photoshop、Illustrator等其他软件

图4-3 "蒙版形状"对话框

绘制的路径来创建蒙版。例如，先在Photoshop中绘制路径，然后选中路径并进行复制<Ctrl+C>组合键，再切换到AE CC中，选择要设置蒙版的层后，按<Ctrl+V>组合键粘贴蒙版。

4．编辑蒙版形状

（1）移动、缩放、旋转蒙版

1）在"工具"面板中单击"选择工具"。在"合成"窗口中单击目标蒙版（或者在时间线上单击对应的素材层），显示出蒙版路径。双击蒙版路径的控制点，出现控制框。

2）将鼠标放到控制框中拖拽可移动蒙版路径。

3）将鼠标移到控制框的控制点上，可缩放蒙版路径。

4）将鼠标移到控制框的控制点外侧，可旋转蒙版路径。

（2）修改蒙版路径形状

1）在"工具"面板中单击"选择工具"。在"合成"窗口中单击目标蒙版（或者在时间线上单击对应的素材层），显示出蒙版路径。

2）单击所要选择的控制点，并进行移动改变控制点的位置。

3）如果要增加控制点，则可用添加"顶点"工具，在蒙版路径上单击。

4）如果要删除控制点，则可用删除"顶点"工具，单击需要删除的控制点。

5）使用转换"顶点"工具单击控制点，可以实现直线控制点和曲线控制点之间的转换。

5．蒙版属性

对素材添加蒙版后，素材自动会出现蒙版属性。

1）蒙版路径：由蒙版路径控制点确定蒙版形状。

2）蒙版羽化：设置羽化值来改变蒙版边缘的软硬度。

3）蒙版不透明度：设置不透明度值改变蒙版内图像的不透明度。

4）蒙版扩展：将数值设为正数或负数，可对蒙版进行扩展或收缩。

5）反转：是否勾选该项将决定蒙版路径以内或以外是否为透明区域。

通过对蒙版属性设置关键帧，可产生蒙版动画。

6．蒙版的混合模式

如果在一个图层中绘制多个蒙版，多个蒙版相叠加的运算方式称为蒙版的混合模式，默认模式为"相加"，展开混合模式列表，共有7种模式，如图4-4所示。默认蒙版1（矩形，位于上方）为相加模式，对第2个蒙版（设定为圆形蒙版），进行混合模式设定。

1）相加模式。使当前蒙版与其上方蒙版相加，显示所有蒙版范围内容，蒙版相交的部分的不透明度相加。设定两个蒙版的不透明度都为50%，如图4-5所示。

图4-4 "蒙版"的模式

图4-5 "相加"模式的效果

2）相减模式。在上面蒙版范围的基础上减去当前蒙版，被减去的部分设为透明，如图4-6所示。

3）交集模式。只保留当前蒙版与其上方蒙版的交集部分，其他部分设为透明，如图4-7所示。

图4-6 "相减"模式的效果

图4-7 "交集"模式的效果

4)变亮模式。与"相加"模式相似,蒙版范围相加。但在相交部分的不透明度则以参数值高的为准。例如,矩形蒙版的不透明度为100%,圆形蒙版的不透明度为50%,相交部分的不透明度则为100%,如图4-8所示。

5)变暗模式。与交集模式相似,只保留交集部分,但在相交部分的不透明度则以参数值低的为准。例如,矩形蒙版的不透明度为100%,圆形蒙版的不透明度为50%,相交部分的不透明度则为50%,如图4-9所示。

图4-8 "变亮"模式的效果

6)差值模式。与交集模式相反,只保留当前蒙版与其上层蒙版的非交集部分,相交部分设为透明,如图4-10所示。

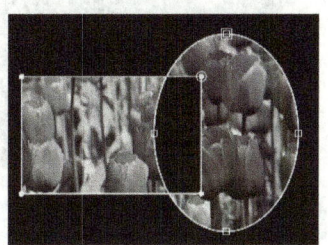

图4-9 "变暗"模式的效果　　　　　　　图4-10 "差值"模式的效果

项目实施

《画轴的打开与回卷》——蒙版动画

通过《画轴的打开与回卷》项目的制作,对psd类型素材的导入、关键帧的添加、蒙版控制点的添加和移动、蒙版属性的设置等过程的学习,帮助读者逐步掌握AE CC蒙版动画的设置方法,掌握利用蒙版路径控制素材的显示,并制作相应的动画效果。项目完成后的效果,如图4-11所示。

图4-11 《画轴的打开与回卷》的制作效果

制作步骤如下

(1)新建合成

启动AE CC软件,执行"合成"→"新建合成"命令,在打开的"合成设置"对话框中,将"合成名称"命名为"画轴的打开与回卷","预设"为"PAL D1/DV","像素长宽比"

为"方形像素","持续时间"为 15 秒,单击"确定"按钮。

(2) 导入素材

双击"项目"窗口的空白处,在"导入文件"对话框中,选择要导入的"画轴.psd"文件,"导入种类"选择"合成-保持图层大小","图层选项"选择"合并图层样式到素材"如图 4-12 所示,再导入其他素材。展开"项目"窗口中的"画轴"文件夹,此时"项目"窗口,如图 4-13 所示。

图4-12 导入psd类型素材

图4-13 "项目"窗口

(3) 制作画轴的展开

1)将"画面/画轴.psd"拖拽到时间线上,将"梅花/画轴.psd"放到其上层,"画轴/画轴.psd"放到最上层。

2)框选时间线上的 3 个图层,按 <S> 键,展开"缩放"属性,输入参数值为 22%,如图 4-14 所示,单击选定"梅花"图层,在"合成"窗口中拖拽梅花的位置,使其紧靠上边,如图 4-15 所示。

图4-14 "时间线"窗口

图4-15 "合成"窗口

3)时间指针置于 0 秒位置,选定"画轴"图层,连续按键盘上的左移键 <←>,使得画轴的位置与画面上的左轴重合为止。此时,选定画轴图层,按 <P> 键,展开其位置属性,单击"位置"左面的"钟表"按钮来启动关键帧,将时间置于 3 秒处,连续按键盘上的右移键 <→>,使得画轴的位置与画面上的右轴重合为止,这样就自动建立了第 2 个关键帧。

4)框选时间线上的"梅花"和"画面"两个图层,按 <Ctrl+Shift+C> 组合键,进行预合成,预合成为"预合成1"图层。

5）将时间指针置于0秒处，选定"预合成1"图层，单击"工具"面板中的"矩形工具"，在"合成"窗口中拖拽出仅遮罩住左轴的矩形，展开时间线上"预合成1"的"蒙版"属性，单击"蒙版1"的"蒙版路径"左边的"钟表"按钮，设置第一个关键帧。将时间指针移到第3秒处，双击蒙版的任意一个控制点，出现8个句柄，向右拖动中间右侧的句柄，使得蒙版能遮罩住整个画面，如图4-16所示。将时间置于第5秒处，继续调整蒙版大小，使得蒙版连右轴遮罩住，如图4-17所示。

图4-16　第0秒和第3秒处的蒙版

图4-17　第5秒处的蒙版形状

6）单击"预览"面板中的"播放"按钮进行预览效果，可以看到画轴展开的效果，将时间指针移到第5秒处，单击"蒙版路径"属性左边的"添加关键帧"按钮 ，实现延时2秒的效果，可以实现展开后暂停2秒。

（4）制作画轴的回卷

1）将时间指针置于第5秒处，框选时间线上的两个图层，按<Alt+]>组合键进行切割，如图4-18所示，再次框选这两个图层，按<Ctrl+D>组合键进行复制两个图层。并将图层2与图层3进行调整上下层关系，如图4-19所示。并将下面的两个图层的入点移到第5秒处，如图4-20所示。

图4-18　对两个图层进行切割

图4-19　复制并调整图层位置

图4-20　调整下面两个图层的入点

2）框选下面的两个图层，执行"图层"→"时间"→"时间反向图层"命令。单击"预览"面板上的"播放"按钮，会看到画轴回卷的效果。

(5) 制作轨道遮罩动画

1) 将"项目"窗口中的"TrackMatte.mp4"素材拖到时间线上的下层，再将"项目"窗口中的"画轴"合成素材拖拽到时间线上的最下层，如图 4-21 所示。框选这两个图层，向右拖拽这两个素材的入点至第 10 秒处。

2) 单击时间线上"画轴"图层的 TrkMat 控制栏的"无"按钮，在下拉列表中，选择"亮度遮罩"选项，如图 4-22 所示，利用轨道遮罩层的亮度信息进行遮罩。如果时间线上没有显示 TrkMat 栏，可以单击时间线左下角的第 2 个按钮，时间线上就可以显示出轨道遮罩控制栏 TrkMat。

图4-21　时间线上图层的排列

图4-22　选择轨道遮罩方式

3) 拖动时间线上的指针，观察画面的变化，可以检查通过黑白信息的遮罩层来控制画面过渡的效果。

4) 框选时间线上最下面的两个图层，按 <Ctrl+Alt+F> 组合键使得这两个素材的显示正好适合屏幕大小。

5) 预览效果，可以发现"TrackMatte.mp4"素材时长比较短，在第 13 秒第 9 帧之后，其遮罩效果没有出现，此时，可以修改合成设置的持续时间，将时间缩短。执行菜单命令"合成"→"合成设置"，在弹出的对话框中将合成的持续时间改为 13 秒第 9 帧即可。

(6) 渲染输出

若对预览效果感到满意时，可以执行"合成"→"添加到渲染队列"命令，在"渲染队列"面板中单击"输出到："右侧的文件名，在弹出的"将影片输出到："对话框中设置影片名称和保存位置，单击"保存"按钮；单击左下角"输出模块："右侧的"无损"按钮，在弹出的"输出模块设置"对话框中单击"格式"右侧的下拉按钮，设置视频的输出格式为 FLV 格式，单击"确定"按钮退出对话框，单击"渲染"按钮进行渲染。

(7) 保存项目文件

执行"文件"→"整理工程（文件）"→"收集文件"命令，完成项目文件保存工作。

项目拓展

《吃豆豆》动画——蒙版的混合模式应用

本项目通过使用所给的图片素材，进行绘制蒙版及设置蒙版相关参数，制作一个吃豆豆游戏动画，掌握蒙版的混合模式。项目完成后的效果，如图 4-23 所示。

第 2 单元　蒙版与轨道遮罩

 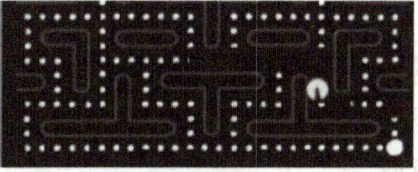

图4-23 《吃豆豆》制作效果

制作步骤如下

1）导入素材：启动 AE CC 软件，在"项目"窗口中右击，在弹出的快捷菜单中，执行"导入"→"文件"命令，在"导入文件"对话框中，选中 dou.ai 文件，在"导入为"下拉列表中，选择"合成-保持图层大小"，如图 4-24 所示，单击"导入"按钮。

图4-24 "导入文件"对话框

2）双击"项目"窗口中的"dou 合成"，执行"合成"→"合成设置"命令，将"合成设置"对话框中的"持续时间"设为 5 秒。

3）在"时间线"窗口中，选中"吃豆人"图层，按 <Ctrl+Shift+C> 组合键进行预合成，在弹出的"预合成"对话框中直接单击"确定"，就预合成了一个"吃豆人 合成1"的预合成，创建这个预合成的目的是便于制作吃豆人的动作。

4）双击"项目"窗口中的"吃豆人 合成1"合成，打开这个合成，在时间线上选中"吃豆人"层，按 <Ctrl+D> 组合键复制一个图层，分别将上下两层命名为"上"和"下"，如图 4-25 所示。将鼠标在"合成"窗口中滚动，将图像放大以便观察，也可以使用 <Ctrl+ +> 或 <Ctrl+-> 组合键进行放大或缩小图像。

图4-25 "吃豆人 合成1"的两个层

5）选中"上"层，展开其旋转属性，在第 0 帧处单击旋转属性左侧的"钟表"按钮，启动关键帧记录器，将时间置于第 10 帧时，将旋转参数值设定为 25°，效果如图 4-26 所示。框选前两个关键帧，按 <Ctrl+C> 组合键进行复制，分别在第 20 帧、1 秒第 10 帧、2 秒、2 秒第 20 帧、3 秒第 10 帧、4 秒、4 秒第 20 帧处，按 <Ctrl+V> 组合键进行粘贴，生成"上"层关键帧动画。

图4-26 上层旋转25°的效果

6）选中"下"层，展开其旋转属性，在第 0 帧处单击旋转属性左侧的"钟表"按钮，启动关键帧记录器，将时间置于第 10 帧时，将旋转参数值设定为 -25°，效果如图 4-27 所示。框选前两个关键帧，按 <Ctrl+C> 组合键进行复制，分别在第 20 帧、1 秒第 10 帧、2 秒、2 秒第 20 帧、3 秒第 10 帧、4 秒、4 秒第 20 帧处，按 <Ctrl+V> 组合键进行粘贴，生成"下"层关键帧动画。

7）按 <O> 键或"预览"面板中的"播放"按钮进行预览，发现"上"层有一些边缘遮挡了"下"层，需要用蒙版去除。选中"上"层，利用"钢笔工具"，在"合成"窗口中将"上"层遮挡的边缘框住，如图 4-28 所示。展开"上"层"蒙版"属性，选中"蒙版 1"旁的"反转"复选框，反向遮罩。

图4-27 下层旋转-25°的效果

图4-28 建立蒙版

8）在"时间线"窗口中，切换到"dou"合成，选中"吃豆人"图层，按 <P> 键调出"位置"属性，在"合成"窗口中拖动吃豆人，分别在第 0 帧、第 2 秒、2 秒第 20 帧、第 4 秒、第 5 秒处设定关键帧。选择"钢笔"工具单击路径上的各端点，将路径转化为线性直角。

9）预览效果，发现吃豆人的运动方向没有随路径方向的改变而改变。选中"吃豆人"图层，执行"图层"→"变换"→"自动定向"命令，在打开的"自动方向"对话框中，选择"沿路径方向"，单击"确定"按钮。

10）为实现"吃豆人"经过后豆子被吃掉的效果，需要为"豆"层添加蒙版。选中"豆"层，将时间指针置于第 0 帧处，利用矩形蒙版工具在"合成"窗口中吃豆人的位置绘制蒙版以框住人物下面的豆，如图 4-29 所示。按 <M> 键跳出"蒙版 1"的蒙版属性，按下"关键帧记录器" ，并将蒙版右侧的混合模式设置为"相减"模式，如图 4-30 所示。

图4-29 建立蒙版

图4-30 设置蒙版"相减"混合模式

11）将时间置于第 2 秒处，使用"选取工具"双击蒙版的控制点，打开约束框，将蒙版变形，以遮住经过路径上的豆子，并产生新的蒙版关键帧，如图 4-31 所示。

12）使用同样的方法，再绘制蒙版 2、蒙版 3、蒙版 4，混合模式都设为"相减"，并设置蒙版属性关键帧，以遮住吃豆人经过路径上的豆子，如图 4-32 所示。

13）渲染输出：若对预览效果感到满意时，可以执行菜单命令"合成"→"添加到渲染队列"，在"渲染队列"面板中单击"输出到："右侧的文件名，在弹出的"将影片输出到："对话框中设置影片名称和保存位置，单击"保存"按钮；单击左下角"输出模块："右侧的"无损"按钮，在弹出的"输出模块设置"对话框中单击"格式"右侧的下拉按钮，设置视频的输出格式为 FLV 格式，单击"确定"按钮退出对话框，单击"渲染"按钮进行渲染。

图4-31　第2秒处的蒙版形状

图4-32　蒙版混合模式

14）保存项目文件：执行"文件"→"整理工程（文件）"→"收集文件"命令，完成项目文件保存工作。

项目 5　轨道遮罩动画制作

学习目标

1）掌握轨道遮罩的使用方法。
2）了解 Alpha 遮罩与亮度遮罩的区别。
3）掌握虚线动画的制作方法。

知识准备

1. 轨道遮罩

轨道遮罩包含了 Alpha 遮罩和亮度遮罩两种形式，在两个相邻图层之间，可通过上方"轨道遮罩"图层"Alpha"通道的透明信息或"亮度"通道的像素亮度信息来定义下方图层的透明度。

简单地说，轨道遮罩是利用上一个图层的黑白信息控制下一个图层的显示区域。单击下面图层的 TrkMat 栏的下拉列表，选择要指定上一图层的遮罩形式，如图 5-1 所示。

图5-1　轨道遮罩下拉列表

1）Alpha 是指图层的透明信息通道。上方图层中每个像素的透明信息决定下方图层相应位置像素的透明程度显示情况。只有上方图层拥有透明通道的时候才能使用 Alpha 轨道遮罩模式。

2）Alpha 反转遮罩模式是指让之前透明的区域不再透明，而之前不透明的区域变得透明。

3）亮度是指图层的亮度信息通道。在上方图层没有透明通道的前提下，可以使用亮度遮罩模式，通过图层内容的黑白亮度关系来决定下方图层的显示效果。

4）亮度反转遮罩模式是与亮度遮罩模式效果相反的。

2. 虚线动画

虚线动画是形状图层动画经常表现的一种形式。想要得到一条虚线，首先要创建一个形状路径，并用"描边"效果器进行描边，通过调节"虚线"属性创造出虚线。其中"虚线"影响虚线与间距长度，"间隙"影响虚线间距，"偏移"可以实现虚线移动，如图5-2所示。

图5-2 虚线设置及效果

项目实施

《我是超人》——轨道遮罩应用

本项目实现的效果是：一个人跳跃起来，飞向天空，然后又从天空掉下来，落到屋顶上，撞出一个洞后，落入屋内。通过"蒙版"抠像、"轨道遮罩"抠像的技巧，结合"钢笔工具"和"操控点工具"的应用，实现效果。本项目要用到纯色层的建立、"轨道遮罩"的设置、"蒙版"的创建等知识点。制作效果如图5-3所示。

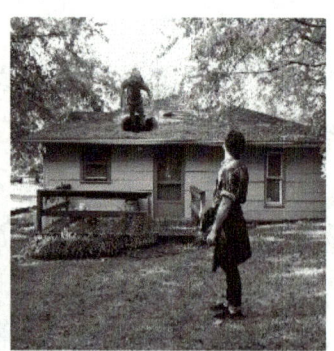

图5-3 《我是超人》的制作效果

制作步骤如下

（1）导入素材

启动 AE CC 软件，在项目窗口中导入"超人.mov"和"洞.jpg"素材。

（2）建立合成

将项目窗口中的"超人.mov"素材拖拽到项目窗口下方的"新建合成" 按钮上，建立一个与视频素材大小一致的合成。

(3) 制作背景

1) 在"预览"窗口中播放导入的视频素材，找到素材中人跳跃起来瞬间的时间点为"1:14:41:14"，如图5-4所示，在这之后该人就不能出现在背景中了，需要从背景中擦除。

图5-4　人跳跃起来瞬间的时间点

2) 在时间线窗口中选择"超人"图层，按<Ctrl+D>组合键复制一个图层，右击上面的图层，重命名为"清除背景"，右击下面图层，重命名为"背景"。

3) 选定"清除背景"图层，时间指针定位于"1:14:41:15"，按<Alt+[>组合键剪去前半部分，使得"清除背景"图层的入点为"1:14:41:15"，如图5-5所示。

图5-5　"清除背景"图层的入点设置

4) 把"清除背景"图层替换成人跳跃飞走之后消失的画面。把时间指示器定位于"1:14:43:18"，执行菜单命令"图层"→"时间"→"冻结帧"，这样就将整个画面冻结为该时间点的画面。但是，这样操作后，右边的人也不会动了，需要把他从画面中清除。

5) 选中时间线窗口中的"清除背景"图层，按<Ctrl+Shift+C>组合键进行图层预合成，在弹出的对话框中选中"将所有属性移动到新合成"选项，新合成名称仍然设定为"清除背景"，如图5-6所示。

6) 选中新的"清除背景"图层，使用工具栏中的"矩形工具"在画面左边绘制一个矩形，使得"清除背景"图层的右半边透明，显示出下面图层的内容，如图5-7所示。

 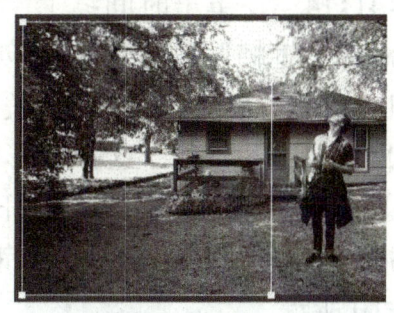

图5-6　预合成设置对话框　　　　图5-7　使用蒙版只显示左边图像

(4) 实现超人跳起效果

1) 在时间线上选中"背景"层,按组合键<Ctrl+D>复制图层"背景2",将其重命名为"人飞起",并将其拖拽到时间线的最上层,设置它的入点为人跳跃起来瞬间"1:14:41:14"。

2) 选定"人飞起"图层,将时间指针定位于"1:14:41:14",执行菜单命令"图层"→"时间"→"冻结帧",将整个图层冻结为该时间点的画面。

3) 选定"人飞起"图层,使用工具栏中的"钢笔工具"制作遮罩,把人勾画出来,如图5-8所示。如果暂时隐藏时间线上"背景"图层和"清除背景"图层的显示,就会看到透明区域,如图5-9所示。单击时间线上"背景"图层和"清除背景"图层左边的"眼睛",就会恢复这两个图层的正常显示。

图5-8 使用"钢笔工具"制作遮罩

图5-9 "人飞起"图层的透明区域

4) 制作人飞起来的动画效果,通过对"人飞起"图层的"位置"属性设置关键帧来实现。

在时间线上,展开"人飞起"图层下面的参数,把时间指示器设为"1:14:41:14",单击"位置"参数左边的码表,启动关键帧,再把时间指示器设为"1:14:41:20",把"人飞起"图层向上移动,设置"位置"参数为(960,-630),会自动创建一个关键帧。

5) 人跳跃起来后与它的阴影不同步,这样看起来不够真实,可以这样做。

在时间线窗口中选择"背景"图层,按组合键<Ctrl+D>复制图层"背景2",将其重命名为"人影",并将其拖拽到"人飞起"图层的下面。

6) 选择"人影"图层,执行菜单命令"图层"→"时间"→"启用时间重映射",会自动在图层的开始和结束处为"时间重映射"属性创建两个关键帧,将时间指示器移到"1:14:41:14",单击时间线上"时间重映射"属性左边的"添加关键帧"按钮 ◀ ◆ ▶ 来创建一个关键帧,再移到"1:14:42:14"处,创建一个关键帧,把该关键帧移动到"1:14:42:20"处,这样阴影时间就与人跳起时间同步了。此时,删除自动添加的开始和结束这两个关键帧。再把阴影部分用工具栏中的"钢笔工具"勾画出来,如图5-10所示。

图5-10 勾画出阴影部分

7) 设置"人影"图层的入点为"1:14:41:14",把人跳起前的画面截掉。

（5）实现超人落下效果

1）在时间线窗口选择"人飞起"图层，按组合键<Ctrl+D>复制图层"人飞起2"，将其重命名为"人落下"，删除该图层"位置"参数的所有关键帧，把人体整体缩小，设置"缩放"为32%。

2）设置人落下的动画。在时间线窗口中，展开"人落下"图层下面的参数，把时间指示器定位于"1:14:48:01"，人开始从空中下落，单击该图层"位置"参数左侧的码表，创建一个"位置"关键帧，设置其"位置"参数为（974,-500），如图5-11所示。把时间指示器定位于"1:14:48:12"，设置"位置"参数为（974,512），自动创建一个关键帧。

3）执行菜单命令"图层"→"新建"→"纯色"，新建一个"人落下遮罩"的纯色层，使用"矩形工具"绘制出一个矩形，如图5-12所示，把该图层拖拽到"人落下"图层的上方。

图5-11 "1:14:48:01"时的"位置"参数

图5-12 创建矩形遮罩

4）设置"人落下"图层的"TrkMat"，轨道遮罩设置为"Alpha反转遮罩"，如图5-13所示。

图5-13 设置"人落下"图层的"TrkMat"

5）制作人落下来，在屋顶撞开洞的效果。把项目窗口中的"洞.jpg"素材拖拽到时间线窗口中的"人落下"图层的下面，使用"钢笔工具"绘制蒙版，勾画出"洞"，如图5-14所示。把"洞"图层"缩放"为20%，并放置在人落到屋顶的位置，此时"洞"的位置为（873,341），如图5-15所示。

在时间线窗口中，设置"洞.jpg"图层的混合模式为"变暗"，这样就把"洞"的白色边缘过滤掉，使洞更好地与屋顶融合起来。

屋顶的洞应该在人落到屋顶的瞬间开始出现，将时间指示器设为"1:14:48:08"，展开

"洞.jpg"图层的"不透明度",设为0,再将时间指示器移到"1:14:48:09",将"不透明度"设为100。

图5-14 抠出"洞"图形

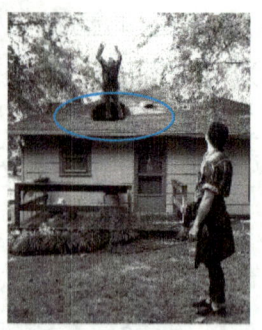

图5-15 使得"洞"与人对应

(6) 预览效果

切换到"合成"窗口后,单击"预览"窗口中的"播放"按钮 进行效果预览。

(7) 渲染输出

若对预览效果感到满意,可以执行菜单命令"合成"→"添加到渲染队列",在渲染队列面板中单击"输出到:"右侧的文件名,在弹出的对话框中设置影片名称和保存位置,单击"保存"按钮;单击左下角"输出模块:"右侧的"无损",在弹出的对话框中单击格式右侧的下拉按钮,设置视频的输出格式为".flv"格式,单击"确定"按钮退出对话框,单击"渲染"按钮进行渲染。

(8) 保存项目文件

执行菜单命令"文件"→"整理工程(文件)"→"收集文件",完成项目文件保存工作。

项目拓展

《LOGO动画》——虚线动画制作

本项目通过使用图层蒙版制作蒙版变化关键帧动画、使用形状图形制作虚线动画,实现LOGO的动画效果。本项目要用到纯色层的建立、蒙版动画的设置、轨道遮罩的设置、位置移动动画等知识点。项目的制作效果如图5-16所示。

图5-16 《LOGO动画》的制作效果

第 2 单元　蒙版与轨道遮罩

制作步骤如下

（1）导入素材

启动 AE CC 软件，在项目窗口中双击，在弹出的"导入"对话框中选择"参考图 .jpg"文件，导入"参考图 .jpg"素材。

（2）建立合成

执行菜单命令"合成"→"新建合成"，建立一个1280像素×720像素大小、名称为"LOGO动画"、像素长宽比为"方形像素"、帧速率为"25"帧/秒、持续时间为"5秒"的合成，如图 5-17 所示。

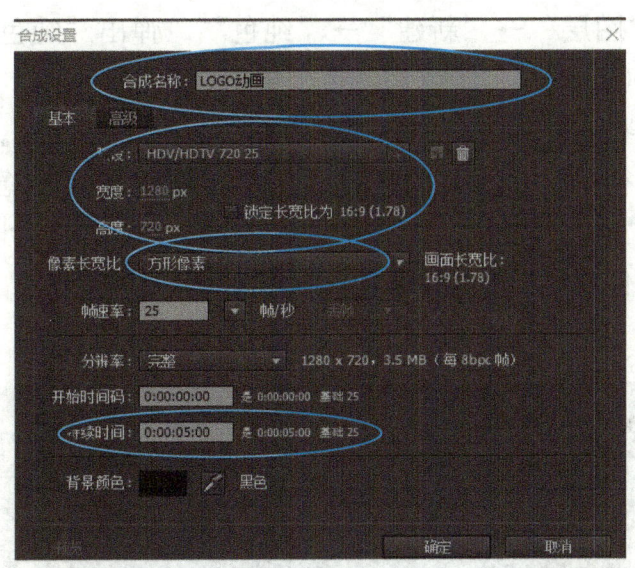

图5-17　"新建合成"对话框

（3）建立白色背景

执行菜单命令"图层"→"新建"→"纯色"，弹出"纯色设置"对话框，在对话框中，设置名称为"背景"，颜色为白色，单击"确定"按钮，将项目窗口中的"参考图 .jpg"素材拖入时间线窗口中，如图 5-18 所示。

图5-18　时间线窗口

（4）绘制 LOGO 形状

取消对图层的选择，在工具栏中单击钢笔工具，设置填充色为"无"，描边色为"白色"，使用"钢笔工具"根据参考图绘制 LOGO 形状，并将形状图层修改为"LOGO 路径"，如图 5-19 所示。

图5-19 "钢笔工具"绘制LOGO形状及修改图层名称

(5) 制作虚线动画

1) 执行菜单命令"图层"→"新建"→"纯色",弹出"纯色设置"对话框,在对话框中,设置名称为"LOGO 红",颜色为红色,单击"确定"按钮,把该图层移动到绘制好的 LOGO 下方,此时,将时间线窗口中的"参考图 .jpg"图层删除。

2) 展开"LOGO 路径"图层,将"填充"属性左侧的"显示与隐藏" 按钮关闭显示,并展开"描边 1"中的"虚线"右侧的 按钮添加虚线效果,在 0 秒时,"偏移"值为 0.0,如图 5-20 所示。单击"偏移"左侧的秒表按钮,添加第 1 个关键帧,时间指针移动到 1 秒处,设置"偏移"值为 100。

图5-20 设置虚线动画

(6) 制作 LOGO 的填充动画

1) 选择"LOGO 路径"图层,使用 <Ctrl+D> 组合键复制该图层,并将该图层重命名为"LOGO 白"。展开该图层的属性,单击"填充"左侧的"显示与隐藏" 按钮,将"填充属性开启显示",将填充颜色修改为白色,如图 5-21 所示。

2) 执行菜单命令"图层"→"新建"→"纯色",弹出"纯色设置"对话框,在对话框中,设置名称为"LOGO 轨道遮罩",颜色为白色,单击"确定"按钮。

3) 使用"钢笔工具",为"LOGO 轨道遮罩"图层添加一个蒙版,将时间指针移动到 1 秒处,展开"LOGO 轨道遮罩"图层的"蒙版路径"属性,单击左侧码表,如图 5-22 所示。

图5-21 修改"LOGO白"图层的填充属性

图5-22 为"LOGO轨道遮罩"图层添加一个蒙版

4)指针移到2秒处,双击矩形遮罩的任意一个控制柄,拖动对角线上的控制柄,使得矩形遮罩覆盖之前的"LOGO白"图层,产生了一个蒙版逐步覆盖"LOGO白"的移动动画,如图5-23所示。

5)将"LOGO白"图层的"轨道遮罩"选项设定为 Alpha 遮罩"[LOGO轨道遮罩]",如图5-24所示,"LOGO轨道遮罩"纯色层作为Alpha遮罩,使得"LOGO白"图层在其范围内显示。

图5-23 2秒处蒙版的形状

图5-24 设置"LOGO白"图层的轨道遮罩

(7)制作"LOGO红"矩形蒙版由全屏大小变成参考图背景大小的动画

定位指针于2秒处,选择"LOGO红"图层,双击工具栏中的"矩形工具",为"LOGO红"图层添加一个矩形蒙版,展开"蒙版路径"属性,单击左侧码表,"蒙版路径"产生第1个关键帧,指针移动到3秒处,双击蒙版的控制柄,相应地缩小到合适大小,如图5-25所示。

图5-25 制作蒙版动画

(8) 制作文字的上移动画

1) 确保时间指针移到 3 秒处，单击工具栏上的"文本工具" T 按钮，在合成窗口中单击，并在右侧字符属性窗口中设定字体为黑体，大小为 40，颜色为黑色，输入"Adobe"，使用"选择工具"移到合成窗口的下端。

2) 指针移到 4 秒处，使用"选择工具"将文本移到 LOGO 图形的下方。

(9) 预览效果

单击"预览"窗口中的"播放"按钮 预览效果。

(10) 渲染输出

若对预览效果感到满意，可以执行菜单命令"合成"→"添加到渲染队列"，在渲染队列面板中单击"输出到："右侧的文件名，在弹出的对话框中设置影片名称和保存位置，单击"保存"按钮；单击左下角"输出模块："右侧的"无损"，在弹出的对话框中单击格式右侧的下拉按钮，设置视频的输出格式为 FLV 格式，单击"确定"按钮退出对话框，单击"渲染"按钮进行渲染。

(11) 保存项目文件

执行菜单命令"文件"→"整理工程（文件）"→"收集文件"，完成项目文件保存工作。

第3单元
路径描边与形状图形

项目6 路径描边动画制作

学习目标

1）掌握"钢笔工具"的使用方法。
2）掌握路径描边特效的使用方法。
3）能制作各种线条手绘动画效果。

知识准备

1. 路径描边特效

选中时间线上的图层，绘制一个蒙版，执行"效果"→"生成"→"描边"命令，为蒙版添加描边特效，在打开的"效果控件"面板中显示特效的参数，如图6-1所示。

1）路径：指定绘制的路径，勾选"所有蒙版"复选框，则对所有的路径进行描边。如果一个图层上有多条路径，则要设定多条路径的属性，可以勾选"所有蒙版"复选框。

图6-1 "描边"特效

2）颜色：设置描边的颜色。
3）画笔大小：确定描边线条的粗细。
4）画笔硬度：描边笔触边沿的硬度。
5）不透明度：描边线条的不透明度。
6）起始：描边的起始位置，以占路径长度的百分比计算。
7）结束：描边的结束位置，以占路径长度的百分比计算。

8）间距：描边笔触的间距。

9）绘画样式：确定在原始图像上描边，还是图像透明只描路径。

2．绘制多条路径

使用"钢笔工具"绘制完成第一条路径后，按住<Ctrl>键的同时单击空白处，结束第一条路径的绘制，再绘制其他路径。每结束一个路径的绘制时，都要按住<Ctrl>键的同时单击空白处。

项目实施

《签名》——路径描边动画制作

本项目通过《签名》项目的制作，掌握AE CC的"钢笔工具"添加路径的方法以及描边特效的使用方法，该项目利用描边特效完成手写字体的书写签名动画。项目完成后的效果，如图6-2所示。

 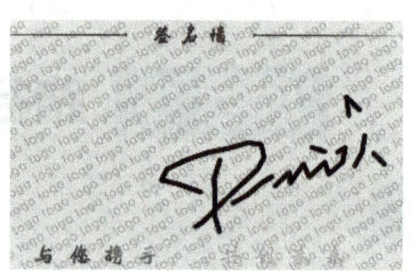

图6-2 《签名》的制作效果

制作步骤如下

1）导入素材：启动AE CC软件，执行"文件"→"导入"→"文件"命令，在"导入文件"对话框中选定"签名背景.jpg"和"签名.jpg"素材。将"签名背景.jpg"拖拽到"项目"窗口下方的"新建合成"按钮 上。

2）合成设置：执行"合成"→"合成设置"命令，在打开的"合成设置"对话框中，将"合成名称"命名为"签名"，"预设"为"自定义"，"像素长宽比"为"方形像素"，"持续时间"为5秒，单击"确定"按钮。

3）将"项目"窗口中的"签名.jpg"拖拽到时间线上"签名背景.jpg"的上层，调整其大小和位置，如图6-3所示。

图6-3 调整"签名.jpg"素材的位置与大小

4）执行"图层"→"新建"→"纯色"命令，新建纯色层，在打开的"纯色设置"对话框中，将"名称"命名为"写字"，"颜色"为"蓝色"，单击"确定"按钮。选中"写字"图层，单击左侧的"显示与隐藏"按钮，暂时隐藏该图层。

5）选定纯色层，即写字层，单击"工具"面板中的"钢笔工具"按钮，在"写字"图层上绘制路径，路径按照文字笔画进行绘制。

先绘制 Mask1 为签名中的第 1 笔，按住 <Ctrl> 键单击空白处结束第 1 笔路径的绘制。再绘制签名中的其他笔，当每结束一个笔画时，就按住 <Ctrl> 键单击空白处，结束该笔画路径的绘制。可以先按笔画的走向绘制路径，绘制完成后再使用"选择工具"调整节点的位置，利用转换"顶点"工具调整曲线的手柄，使路径曲线与原始签名重合。

也可以在绘制过程中不断地配合使用 <Ctrl> 键和 <Alt> 键，随时调整节点的位置和切线方向，使路径曲线与原始签名重合，如图 6-4 所示。

6）再次单击"写字"层左侧的"显示与隐藏"按钮，恢复纯色层的显示，效果如图 6-5 所示。

图6-4　绘制签名笔顺的Mask路径

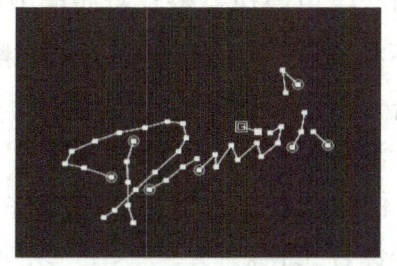

图6-5　纯色层上的Mask路径

7）选中"写字"纯色图层，执行"效果"→"生成"→"描边"命令，添加描边特效。在"效果控件"面板中，在"路径"后面勾选"所有蒙版"复选框，"颜色"为"黑色"，"画笔大小"为 5，如图 6-6 所示。

8）将时间线指针移到第 0 帧处，在"效果控件"面板中，启动"结束"关键帧，在时间线上选中纯色层"写字"，按 <U> 键显示"结束"关键帧属性，设置"结束"数值为 0%，将时间线指针移到第 15 帧，设置"结束"数值为 15%。

9）指针移到第 20 帧，单击时间线左侧的添加关键帧按钮添加关键帧。

图6-6　设置描边参数

10）指针移到第 4s，设置"结束"的数值为 100%。

11）隐藏图层"签名 .jpg"，时间线如图 6-7 所示。

12）选中纯色层，在"效果控件"面板中，将"绘画样式"设置为"在透明背景上"，如图 6-8 所示，这时"写字"的蓝色背景就去掉了，只剩下黑色的字体描边。

图6-7 时间线显示

13）渲染输出：若对预览效果感到满意时，可以执行"合成"→"添加到渲染队列"命令，在"渲染队列"面板中单击"输出到："右侧的文件名，在弹出的"将影片输出到："对话框中设置影片名称和保存位置，单击"保存"按钮；单击左下角"输出模块："右侧的"无损"按钮，在弹出的"输出模块设置"对话框中单击"格式"右侧的下拉按钮，设置视频的输出格式为 FLV 格式，单击"确定"按钮退出对话框，单击"渲染"按钮进行渲染。

图6-8 设置为"在透明背景上"

14）保存项目文件：执行"文件"→"整理工程（文件）"→"收集文件"命令，完成项目文件保存工作。

项目拓展

《美丽中国》——手写字动画效果制作

本项目是制作一个手写字效果的动画案例，通过使用"画笔工具"进行绘画写字，设置描边的参数值，产生动态的画笔效果，然后通过"轨道遮罩"来显示下方文字的写字效果。项目完成后的效果如图6-9所示。

图6-9 《美丽中国》制作效果

制作步骤如下

1）新建一个合成。执行"合成"→"新建合成"命令，在弹出的"合成设置"对话框中，"合成名称"为"手写字"，"预设"为"自定义"，宽高为"1280×720"，"像素长宽比"为"方形像素"，"帧速率"为 25 帧/秒，"持续时间"为 8 秒。

2）导入素材。在项目窗口中双击，导入一张背景图片。

3）在项目窗口中，导入一张含有文字的图片素材，然后拖到时间线窗口中；或者输入文字，制作一个文字的预合成。本项目是制作一个文字的预合成。

在时间线窗口中右击鼠标，在弹出的快捷菜单中，执行"新建"→"文本"命令，如图6-10所示。此时，在合成窗口中输入"美丽中国"，设定字体为"华文行楷"，颜色为"桔黄色"，大小为"198"像素，如图6-11所示。选定时间线上"美丽中国"文字图层，按组合键<Ctrl+Shift+C>进行预合成。

图6-10 新建文本

图6-11 设定"美丽中国"文字属性

4）重命名该图层为"底图"。选定"美丽中国合成1"图层，按<Enter>键，重命名为"底图"。

5）复制图层。选定"底图"图层，按组合键<Ctrl+D>或执行命令"编辑"→"重复"命令复制一个图层，按<Enter>键，并重新命名为"上图"。

6）单击"上图"图层左边的"显示与隐藏"按钮，将"上图"图层隐藏，单击"底图"图层左边的"锁定"按钮，暂时锁定"底图"图层，如图6-12所示。

图6-12 锁定"底图"图层

7）在时间线上选中"上图"图层，在工具栏上单击"画笔工具"，然后双击"上图"图层，进入"上图"图层窗口中，如图6-13所示。

图6-13 "上图"图层窗口

8）在"图层：上图"窗口中，选定"画笔"窗口中的笔画大小，如图6-14所示。用笔写字，写字时按住左键连笔写下来，每写完一个字之后按住<Ctrl>键并且在空白地方单击一下，结束第一个字的笔画；再在第二个字上写字，以此类推，每写完一个字之后要按住<Ctrl>键并且在空白地方单击一下，结束该字的书写，如图6-15所示。

图6-14 选定笔画大小

图6-15 绘制笔画路径

9）展开时间线上该图层的"效果"属性，继续展开"绘画"属性，"在透明背景上绘画"的开关设为"开"，如图6-16所示。

图6-16 "效果"窗口

10)展开"效果"→"绘画"→"画笔1"属性,展开其"描边选项",在第 0 帧处,启动"结束"关键帧,并设定"结束"值为 0.0%,在第 1 秒处,设置"结束"值为 100%,如图 6-17 所示。

图6-17 效果窗口中设置参数

11)将时间指针移到 1 秒第 5 帧处(第一个字写完后停留 5 帧),展开"画笔2"属性,展开其"描边选项",在 1 秒第 5 帧处,启动"结束"关键帧,并设定"结束"值为 0.0%,在 2 秒第 5 帧处,设置"结束"值为 100%。

指针移到 2 秒第 10 帧处,展开"画笔3"属性,展开其"描边选项",在 2 秒第 10 帧处,启动"结束"关键帧,并设定"结束"值为 0.0%,在 3 秒第 10 帧处,设置"结束"值为 100%。

指针移到 3 秒第 15 帧处,展开"画笔4"属性,展开其"描边选项",在 3 秒第 15 帧处,启动"结束"关键帧,并设定"结束"值为 0.0%,在 4 秒第 15 帧处,设置"结束"值为 100%。

12)切换到"美丽中国"合成窗口中,设定"底图"图层的"轨道遮罩"为 Alpha 遮罩"上图",如图 6-18 所示。

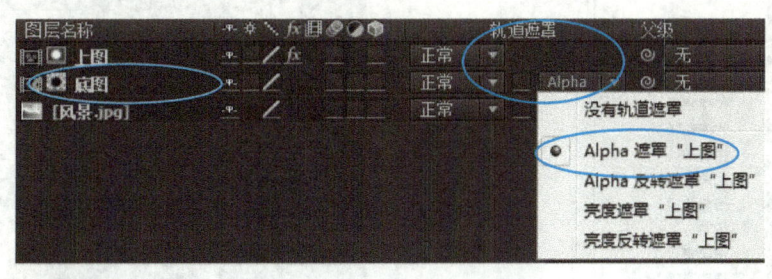

图6-18 设定"底图"图层的"轨道遮罩"特效

13)将项目窗口中的"背景素材"拖到时间线窗口的最下层。按组合键 <Ctrl+Alt+F> 使"背景"图片适应合成窗口大小。

14)单击预览窗口中的"播放"按钮进行效果预览。

项目 7　形状图形动画制作

学习目标

1）掌握形状图形与蒙版的区别。
2）掌握形状图形动画的制作方法。
3）掌握图形修剪路径动画的制作方法。

知识准备

1．形状图形动画

形状依赖于路径的概念，通过"形状工具"和"钢笔工具"可以创建和编辑各种路径。路径包括段和锚点，段是连接锚点的直线或曲线，锚点定义路径的各段开始和结束的位置，通过拖动路径锚点、锚点的方向线（或切线）末端的方向手柄，或路径段自身，可以改变路径的形状。形状路径有两种：参数形状路径和贝塞尔曲线形状路径。形状由路径、描边、填充组成。通过对形状图形的属性设置关键帧，实现图形形状动画。

新建一个形状图形后，单击"时间线"窗口中的该图层"内容"后面的"添加"按钮 添加: ，出现如图 7-1 所示的动画选项，可以设置相应的动画类型。

2．形状图形属性

建立一个形状图形之后，展开"时间线"窗口中的"内容"选项，可以进行形状图形的属性设置，如路径、描边和填充。例如，建立一个椭圆形状图形后，展开"内容"选项下的"椭圆 1"，可看到"椭圆"形状图形的属性，如图 7-2 所示。

图7-1　形状图形动画类型　　　图7-2　形状图形属性

（1）椭圆路径 1

1）　：反转路径方向开关。

2）大小：椭圆的大小。

3）位置：在合成中的位置。（0,0）是合成的中心。

（2）描边1

1）合成：默认是"在同组中前一个之下"，另一个选项是"在同组中前一个之上"。

2）颜色：设置描边的颜色。

3）不透明度：设置描边的不透明度。

4）描边宽度：设置描边线段的粗细。

5）线段端点："平头端点"的端点是直线；"圆头端点"的端点是圆头；"矩形端点"的端点是矩形。

6）线段连接：包括斜接连接，圆角连接，斜面连接。

7）尖角限制：只有在线段连接设置为斜接连接时，才可以设定参数值。

8）虚线：单击右侧的"+"按钮可以开启虚线设置。"虚线"数值越大，则虚线段数越少，但虚线段越粗。"偏移"是负数按顺时针转，是正数按逆时针转。"间隙"数值越大，则虚线段之间的空隙越大，线段越少。

（3）填充1

1）合成：默认是"在同组中前一个之下"，另一个选项是"在同组中前一个之上"。

2）填充规则：默认为"非零环绕"，还有一个选项为"奇偶"。

3）颜色：填充的颜色。

4）不透明度：填充颜色的不透明度。

3．修剪路径属性

选择"形状工具"或"钢笔工具"绘制一个形状图形后，单击"时间线"窗口中的该图层"内容"后面的"添加"按钮 添加: ，在弹出的列表中，选择"修剪路径"选项，展开"时间线"窗口中的"修剪路径1"属性，如图7-3所示。

1）开始：路径起点的位置。

2）结束：路径结束的位置。

3）偏移：从设置的某一个角度开始。

图7-3 修剪路径属性

4．创建蒙版与创建形状图形的区别

在未选中已有图层的状态下，使用"形状工具"会创建一个形状图层，在该图层下可以创建多个形状图形。在选中已有图层的状态下，使用"形状工具"会创建基于该图层的蒙版。

项目实施

《形状图形动画》——形状图形属性及效果应用

本项目通过《形状图形动画》的制作，掌握AE CC形状图形的属性及修剪路径动画效果的制作方法，能制作各种线条手绘动画的效果。项目完成后的效果，如图7-4所示。

图7-4 《形状图形动画》的制作效果

制作步骤如下

1. 旋转的圆点圆

1) 新建合成：启动 AE CC 软件，执行"合成"→"新建合成"命令，在打开的"合成设置"对话框中，将"合成名称"命名为"旋转的圆点圆"，"预设"为"自定义"，合成尺寸为"720 像素×576 像素"，"像素长宽比"为"方形像素"，"持续时间"为3秒，单击"确定"按钮。

2) 选择"椭圆工具"，按住 <Shift> 键的同时在"合成"窗口中画一个圆，大小随意，填充颜色的"不透明度"为 0 或设置为"无"填充。

3) 展开"形状图层1"的"内容"属性，设定"描边1"属性：设定描边的"颜色"为"红色"，"描边宽度"为22，"线段端点"为"圆头端点"，单击两次"虚线"后的"+"号按钮，设置"虚线"为0，"间隙"为25，如图7-5所示。

4) 将时间指针置于0秒处，展开"变换：椭圆1"属性，单击"旋转"属性左边的"钟表"按钮，启动关键帧，将时间指针置于3秒处，设定"旋转"属性的参数值为 1x+0.0°，如图7-6所示。

图7-5 "描边"参数设置　　　　图7-6 设置"旋转"参数值

2. 矩形的绘制与擦除动画

1) 执行"合成"→"新建合成"命令，在"合成"对话框中将"合成名称"命名为"矩形的绘制与擦除"，"预设"为"自定义"，合成尺寸为"720 像素×576 像素"，"像素长宽比"为"方形像素"，"持续时间"为3秒，单击"确定"按钮。

2) 利用"矩形工具"，在"合成"窗口中绘制一个矩形，填充为"无填充"，描边颜色为"绿色"，描边宽度为22，在"时间线"窗口中，选定"矩形1"，按 <Enter> 键，重命名为

"外矩形";再次使用"矩形工具",在"合成"窗口的矩形内部,拖拽出一个小矩形,填充为"无填充",描边颜色为"红色",描边宽度为22,在"时间线"窗口中,选定"矩形1",按<Enter>键,重命名为"内矩形",如图7-7所示。

3) 将时间指针置于0秒处,单击选定"时间线"窗口"内容"下的"内矩形",如图7-8所示,单击"内容"右侧的"添加"按钮,在弹出的列表中选择"修剪路径"。展开"修剪路径1"属性,单击"开始"左侧的"钟表"按钮,启动"开始"关键帧,将时间指针置于第1秒处,设置"开始"的参数为100%,拖动指针,观测效果,可以看到内矩形逐渐擦除消失。

图7-7 绘制的内外矩形　　　图7-8 选定"内矩形"图形属性

4) 确保时间指针置于第1秒处,单击选定"时间线"窗口"内容"下方的"外矩形"层,再单击"内容"右侧的"添加"按钮,选定"修剪路径"选项。展开"外矩形"下方的"修剪路径1",分别单击"开始"和"结束"左侧的"钟表"按钮,启动"开始"(0%)和"结束"(100%)关键帧,将时间指针置于第2秒处,设置"开始"的参数为100%,并添加"结束"关键帧,参数也为100%,拖动指针,观察效果,可以看到外矩形逐渐擦除消失。

5) 将时间指针置于2秒第1帧处,设定"开始"关键帧,参数值为0%,添加"结束"关键帧,参数值为0%,将指针移到2秒第24帧,添加"结束"关键帧,参数为100%,实现重新绘制外矩形动画。

6) 将时间指针置于第2秒处,展开"内矩形"的"修剪路径1"属性,添加"开始"关键帧(参数为100%)和"结束"关键帧(参数为100%),将时间指针置于2秒第1帧处,添加"开始"关键帧(参数为0%)和"结束"关键帧(参数为0%),将时间指针置于2秒第24帧处,添加"结束"关键帧,参数为100%,实现重新绘制内矩形动画。

3. 圆的扇形填充

1) 执行"合成"→"新建合成"命令,在"合成"对话框中将"合成名称"命名为"圆的扇形填充","预设"为"自定义",合成尺寸为"720像素×576像素","像素长宽比"为"方形像素","持续时间"为3秒,单击"确定"按钮。

2) 利用"椭圆工具",按住<Shift>键的同时在"合成"窗口中绘制一个圆形,单击工具栏上的"填充设置"按钮,设置填充为"无填充",如图7-9所示。描边颜色为"绿色",调整描边宽度,使得中间看不到漏洞为止,如图7-10所示。

3) 单击选定"时间线"窗口中"椭圆1"图形属性,单击"内容"右侧的"添加"按钮,选择"修剪路径"选项,展开"修剪路径1"属性,将时间指针置于第0秒处,单击"结束"

左侧的"钟表"按钮,并设置其参数为0%,将时间指针置于第3秒处,添加"结束"关键帧,并设置参数为100%,拖动指针,预览效果,可看到圆的扇形填充。

图7-9 设定图形为"无填充"

图7-10 调整描边后的效果

4.渲染输出

1)执行"合成"→"新建合成"命令,在"合成设置"对话框中,设置"合成名称"为"总合成","持续时间"为10秒。

2)将"项目"窗口中的3个合成分别拖拽到"时间线"窗口中,将时间指针置于第3s处,将"矩形的绘制与擦除"合成的入点移到此处,将时间指针置于第6秒处,将"圆的扇形填充"合成的入点移到此处,如图7-11所示。

图7-11 "时间线"窗口显示

3)按数字小键盘上的<0>键进行预览。

4)渲染输出:若对预览效果感到满意时,可以执行"合成"→"添加到渲染队列"命令,在"渲染队列"面板中单击"输出到:"右侧的文件名,在弹出的"将影片输出到:"对话框中设置影片名称和保存位置,单击"保存"按钮,单击左下角"输出模块:"右侧的"无损"按钮,在弹出的"输出模块设置"对话框中单击"格式"右侧的下拉按钮,设置视频的输出格式为FLV格式,单击"确定"按钮退出对话框,单击"渲染"按钮进行渲染。

5)保存项目文件:执行"文件"→"整理工程(文件)"→"收集文件"命令,完成项目文件保存工作。

项目拓展

《人工天河红旗渠》——文字修剪路径动画

本项目通过建立文字修剪路径,制作文字以修剪路径动画的方式逐字显示,掌握文字修剪路径动画的制作方法。项目完成后的效果,如图7-12所示。

图7-12 《人工天河红旗渠》制作效果

制作步骤如下

1）新建合成：启动 AE CC 软件，执行"合成"→"新建合成"命令，在打开的"合成设置"对话框中，将"合成名称"命名为"人工天河红旗渠"，"预设"为"自定义"，合成尺寸为"720 像素×576 像素"，"像素长宽比"为"方形像素"，"持续时间"为 10 秒，单击"确定"按钮。

2）按 <Ctrl+Y> 组合键新建一个纯色层，设置为"黄色"，如图 7-13 所示。

3）再次按 <Ctrl+Y> 组合键新建一个纯色层，设置为"红色"。

4）选定"红色"图层，单击工具栏上的"向后平移（锚点）工具"按钮，用鼠标拖动位于"合成"窗口中心的锚点到右侧边框的中点位置，如图 7-14 所示。

图7-13 "纯色设置"对话框

图7-14 移动锚点到右侧

5）对"红色"图层设置左右缩放动画。按 <S> 键展开该图层的"缩放"属性，关掉缩放属性参数左侧的"压缩比例"开关，将时间指针移到第 0 秒处，启动缩放属性关键帧，并将缩放参数的 X 值设为 0；将时间指针移到第 12 帧，并将缩放参数的 X 值设为 100。

6）确保时间指针处于第 12 帧处，单击"工具"面板中的"文字工具"，在"合成"窗口中输入"人工天河红旗渠"，并在"字符"面板中设定字体为"经典黑体简"、大小为"70 像素"、填充及描边颜色均为"白色"、字型为"加粗"，如图 7-15 所示。

7）选中刚建立的文字图层，鼠标右键单击，在弹出的快捷菜单中，选择"从文字创建形状"，此时，原来的文字图层自动隐藏。选择这个文字形状图层，按 <Alt> 键并单击"工具"

面板中的"填充" ，选择填充为"无"。

8) 选择这个文字形状图层,单击时间线上"内容"右侧的"添加"按钮 ，在弹出的列表中,选择"修剪路径",即添加了修剪路径,如图7-16所示。将添加的"修剪路径1"拖动到第一个字"人"上,展开这个字的属性选项,会看到"修剪路径1",将"描边1"设为白色,描边宽度为4,此时,要确保"描边1"的"眼睛"处于显示状态,然后展开这个字的"修剪路径1",确保当前时间指针置于第12帧处,将"修剪路径1"的"开始"为0%,"结束"为0%,启动"结束"属性的关键帧,将时间指针移到第1秒处,将"结束"属性的参数值设为100%。

图7-15 字符设置

图7-16 "时间线"窗口

9) 选中这两个关键帧,单击鼠标右键,在弹出的快捷菜单中,执行"关键帧辅助"→"缓动"命令,然后单击"图表编辑器"按钮 ,时间线上出现如图7-17所示的编辑速度图表,调整中间的两个点,实现动画速度为先逐步快再逐步慢下来的效果。

10) 在时间线上选中"人"字下的"修剪路径1"及"描边1"属性,如图7-18所示,按<Ctrl+C>组合键进行复制,依次选定每个"字",按<Ctrl+V>组合键进行粘贴属性。按<U>键,显示所有关键帧,如图7-19所示。

图7-17 编辑速度图表

图7-18 "人"字的属性

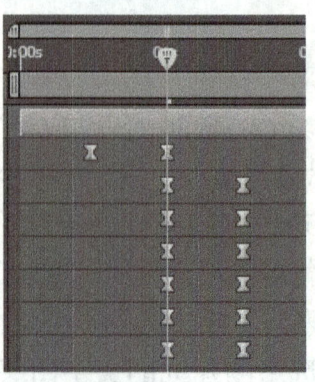

图7-19 关键帧显示

11）如果想逐字显示，则可依次框选除前一个字之外的所有字的关键帧向后拖动，如图 7-20 所示，完成逐字显示效果。

12）增加一个过渡效果，然后实现文字填充显示。选择原来隐藏的文字图层，单击鼠标右键，在弹出的快捷菜单中，执行"效果"→"过渡"→"百叶窗"命令，在"效果控件"面板中，启动"过渡完成"关键帧，并且设置参数值为 100%，如图 7-21 所示。将时间指针置于第 5 秒处，将"过渡完成"的参数值设为 0%。

图7-20 关键帧排列

图7-21 效果控件窗口

13）打开时间线上文字图层的"显示与隐藏"开关 ，使其能显示文字，类似于填充文字的效果。

14）在"项目"窗口中双击，导入"红旗渠"图片素材，将导入的图片素材拖到时间线上的最上层。将时间指针置于第 6 秒处，将"红旗渠"图片素材的入点到第 6 秒处，此时，按 <Ctrl+Alt+F> 组合键，使图片能撑满整个"合成"窗口，将时间线上的"工作区域"滑块拖拽到第 7 秒处，实现图片素材显示 1 秒的时长，并且使合成渲染的时长为 7 秒，如图 7-22 所示。

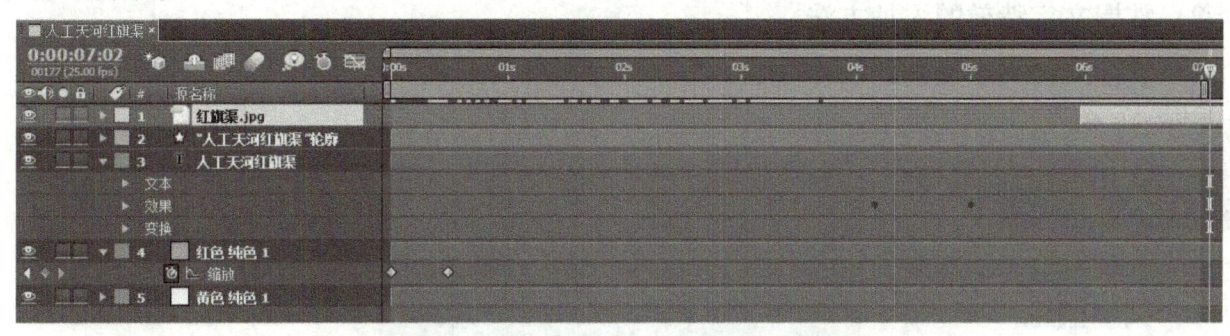

图7-22 "时间线"窗口

15）渲染输出：若对预览效果感到满意，可以执行菜单命令"合成"→"添加到渲染队列"，在"渲染队列"面板中单击"输出到："右侧的文件名，在弹出的"将影片输出到："对话框中设置影片名称和保存位置，单击"保存"按钮，单击左下角"输出模块："右侧的"无损"按钮，在弹出的"输出模块设置"对话框中单击"格式"右侧的下拉按钮，设置视频的输出格式为 FLV 格式，单击"确定"按钮退出对话框，单击"渲染"按钮进行渲染。

16）保存项目文件：执行"文件"→"整理工程（文件）"→"收集文件"命令，完成项目文件保存工作。

第 4 单元
文字动画

项目 8 路径文字动画

学习目标

1) 掌握"文字工具"和字符面板的使用方法。
2) 掌握文字特效的添加方法。
3) 掌握路径文字动画的制作方法。

知识准备

1. 文字创建

单击"工具"面板上的"文字工具"T按钮可以创建文字。按住鼠标左键,在"文字工具"上停留一会儿会显示" 横排文字工具"和"直排文字工具",单击选择其中的一个工具,在"合成"窗口中要输入文字的地方单击即可输入文字。

2. 修改文字

单击"工具"面板中的T"文字工具",在"合成"窗口中用"选择工具"选定要改动的文字,选定后,文字以高亮度状态显示,通过"字符"面板对文字的字体、颜色、字号、填充色、描边等进行设置,"字符"面板如图 8-1 所示。

3．文字渐变填充效果

选定文字图层,执行"效果"→"生成"→"梯度渐变/四色渐变"命令,可以设置不同的渐变效果。四色渐变参数设置,如图 8-2 所示。

图 8-1 "字符"面板

图 8-2 "四色渐变"参数设置

4．立体装饰效果

选定文字图层,执行"效果"→"透视"→"斜面 Alpha"命令,可以为文字添加立体浮雕效果,在"效果控件"面板中可以对浮雕参数进行设置。

5．阴影装饰效果

阴影效果是文字装饰效果中最为普遍的一种,阴影效果有两种,分别是"投影"和"径向阴影",执行"效果"→"透视"→"投影/径向阴影"命令,可以为文字添加阴影装饰效果,在"效果控件"面板中可以对特效的参数进行设置。

6．文本路径的建立方法

选中时间线上的"文本"图层,单击"工具"面板中的"钢笔工具" ,在"合成"窗口中画出路径。在时间线上展开文字图层的属性,展开"文本"下拉列表,选择"路径选项"下拉列表框,在下拉列表中指定刚才绘制的"蒙版 1"为文本路径,如图 8-3 所示。

图 8-3 设置文本路径

项目实施

《红旗渠精神》—— 路径文字动画

本项目通过《红旗渠精神》制作,掌握 AE CC 的路径文字设置方法,通过路径工具绘制路径,将路径指定给文字,制作文字沿路径运动的动画。项目完成后的效果,如图 8-4 所示。

图 8-4 《红旗渠精神》的制作效果

制作步骤如下

1）新建合成：启动 AE CC 软件，执行"合成"→"新建合成"命令，在打开的"合成设置"对话框中，将"合成名称"命名为"红旗渠精神"，"预设"为"自定义"，"合成尺寸"为"720像素×576像素"，"像素长宽比"为"方形像素"，"持续时间"为 10 秒，单击"确定"按钮。

2）导入素材：双击"项目"窗口的空白处，在弹出的对话框中选择要导入的素材文件"红旗渠1.jpg""红旗渠2.jpg""彩带.jpg"。

3）单击"工具"面板中的"横排文本工具" T，在"合成"窗口中单击并输入"人工天河红旗渠 中国河南安阳林州"，设定字体为"经典黑体简"、字体大小为"20像素"，字体填充颜色为"红色"，描边为"白色"，字符间距为 600，字型为"加粗"，如图 8-5 所示。

4）选定文本图层，单击"工具"面板中的"矩形工具"，并在其上短暂停留一会儿，在出现的选项中，单击"椭圆工具"，按住<Shift>键并同时在"合成"窗口中拖拽出一个适当的圆，在"时间线"窗口中，展开"文本"下的"路径选项"，在"路径"右侧的下拉选项中，选择"蒙版 1"，此时文字就绕圆排列起来。使用"工具"面板中的"选择工具"，将圆拖拽到"合成"窗口的左上角。"合成"窗口，如图 8-6 所示。

图 8-5 "字符"设置　　　　　　图 8-6 文字排列形状

5）实现文本绕圆运动的动画。将时间指针置于第 0 秒处，在时间线窗口中刚展开的"文本"选项下，单击"首字边距"左侧的"钟表"按钮，启动"首字边距"关键帧，将时间指针置于第 2 秒处，将"首字边距"的参数调整为 620，使得文本绕圆旋转一周。拖动时间线指针会看到旋转的效果。"首字边距"的参数设置，如图 8-7 所示。

6）设置第一张图片的进场动画。将"红旗渠 1.jpg"素材拖到"时间线"窗口"文本"图层的下方，将时间指针置于第 0 秒处，选定图片图层，按 <S> 键，展开图片的缩放属性，单击"缩放"属性左侧的"钟表"按钮，设置缩放属性的第 1 个关键帧，调整该参数为 300% 300.0,300.0%。将时间指针移到第 2 秒处，调整该参数为 200%，实现图片的缩放动画。

7）将时间指针移到第 2 秒处，框选"人工天河红旗渠 中国河南安阳林州"文本图层和"红旗渠 1"图层，按 <T> 键，展开这两个图层的"不透明度"属性，单击"不透明度"属性左侧的"钟表"按钮，启动"不透明度"关键帧，将时间线指针移到第 3 秒处，设置"不透明度"属性的参数值为 0，实现这两个图层的淡出效果。

8）将"项目"窗口中的"红旗渠 2.jpg"拖拽到"时间线"窗口的上层，将时间指针置于第 3 秒处，并设置"红旗渠 2.jpg"图层的入点到第 3 秒处。将"项目"窗口中的"彩带 .jpg"拖拽到时间线的最上层，如图 8-8 所示。

图 8-7　第 2 秒时"首字边距"的设置　　　　图 8-8　第 3 秒时设置彩带的缩放参数

9）选定"彩带"图层，按 <Ctrl+Shift+C> 组合键对彩带图层进行预合成，出现如图 8-9 所示的"预合成"对话框，修改"新合成名称"为"彩带预合成"。双击"彩带预合成"图层，进入该合成中，选择"彩带"图层，执行"效果"→"键控"→"颜色键"命令，在"效果控件"面板中，使用"吸管工具"吸取"彩带"图层的白背景，设置"颜色容差"为 60，"羽化边缘"为 5，如图 8-10 所示。按 <S> 键，展开"彩带"图层的缩放属性，设置缩放参数为 90%。

图 8-9　"预合成"对话框　　　　图 8-10　"彩带预合成"的抠像特效参数

10）单击"工具"面板中的"文本工具"，在"合成"窗口中单击，输入文字"发扬自力更生艰苦创业的红旗渠精神"，在"字符"面板中设置字体为"华文行楷"，大小为"20像素"，字符间距为100，填充为"红色"，描边为"白色"，如图8-11所示。

选中该图层，执行"图层"→"图层样式"→"外发光"命令，为文字添加外发光效果。

11）选择该文本图层，利用"钢笔工具"绘制路径，绘制的路径系统会自动命名为"蒙版1"，展开图层的"文本"属性，在"路径选项"中指定"路径"为"蒙版1"，此时，文字沿路径进行排列，如图8-12所示。

图8-11 "字符"设置

图8-12 设置文字路径属性

12）将时间指针移到第0秒处，在时间线上，单击"首字边距"左侧的"钟表"按钮，启动"首字边距"关键帧，设置参数值为670，将时间指针移到第3秒处，设置"首字边距"参数值为-693，拖动指针预览，会看到文字沿路径从右侧向左侧进行移动的动画，"时间线"设置，如图8-13所示。

图8-13 "时间线"设置

13）回到"红旗渠精神"合成，将时间指针移到第3秒处，单击拖动"彩带预合成"图层，使其入点到第3秒处，如图8-14所示。展开"彩带预合成"图层的属性，启动"不透明度"关键帧，设置其数值为30%，将时间指针移到第4秒处，设置"不透明度"数值为100%，制作彩带的淡入效果，如图8-15所示。

第 4 单元　文字动画

图 8-14　"红旗渠精神"合成的图层排列

图 8-15　设置彩带的淡入效果

14）将时间指针移到第 6 秒处，选择"彩带预合成"图层，利用"钢笔工具"绘制一个蒙版路径，展开图层的"蒙版"属性，勾选"反转"复选框，设置"蒙版羽化"的数值为10，使得文字在彩带的尾端淡出，如图 8-16 所示。

图 8-16　设置第 6 秒处文字蒙版的参数

15）将时间线上的"工作区域"滑块拖拽到第 6 秒处，使得该合成渲染的时长为 6 秒。

16）渲染输出：若对预览效果感到满意时，可以执行"合成"→"添加到渲染队列"命令，在"渲染队列"面板中单击"输出到："右侧的文件名，在弹出的"将影片输出到："对话框中设置影片名称和保存位置，单击"保存"按钮；单击左下角"输出模块："右侧的"无损"按钮，在弹出的"输出模块设置"对话框中单击"格式"右侧的下拉按钮，设置视频的输出格式为 FLV 格式，单击"确定"按钮退出对话框，单击"渲染"按钮进行渲染。

17）保存项目文件：执行"文件"→"整理工程（文件）"→"收集文件"命令，完成项目文件保存工作。

项目拓展

《科技改变我们的未来》——文字绕路径旋转

本项目通过使用所给的图片素材制作球体,并制作文字绕球体旋转,掌握文本路径动画的制作方法。项目完成后的效果,如图8-17所示。

图8-17 《科技改变我们的未来》制作效果

制作步骤如下

1)导入素材:启动AE CC软件,在"项目"窗口中右击,在弹出的快捷菜单中,执行"导入"→"文件"命令,在"导入文件"对话框中,选中"背景.jpg""手.jpg""科技.jpg"导入进来。

2)执行"合成"→"新建合成"命令,在"新建合成"对话框中,设置"合成名称"为"科技改变我们的未来",设置"合成尺寸"为"720像素×576像素","像素长宽比"为"方形像素","帧速率"为"25帧/秒","持续时间"为10秒。

3)素材入轨:将"背景.jpg"拖拽到时间线上,按<Ctrl+Alt+F>组合键,使得背景图片适合"合成"窗口大小。

4)将素材"手.jpg"拖拽到背景图层的上层。选中"手.jpg"层,执行"效果"→"键控"→"颜色键"命令,在"效果控件"面板中,利用"吸管工具"吸取白色背景,设置"颜色容差"为30,"羽化边缘"为4.0,将白色背景去除,如图8-18所示。

图8-18 对素材"手.jpg"设置"颜色键"特效参数

5）选中"手.jpg"图层，按<S>键，展开"缩放"属性，调整"缩放"属性的参数值，使得将手缩放到合适的大小，并拖拽"合成"窗口中的"手"，将"手"的位置下移到合适位置。这里将"缩放"属性的参数值设为50%，位置参数为（344，406），如图8-19所示。

图8-19 设置"手"的"缩放"参数及"位置"参数

6）将素材"科技.jpg"拖到时间线的最上层，按住<Ctrl+Shift+C>组合键进行预合成，在"预合成"对话框中，将"新合成名称"改为"星球"，单击"确定"按钮。双击"星球"预合成图层，进入"星球"合成，在该合成中，选中"科技.jpg"图层，执行"效果"→"扭曲"→"CC Tiler"（平铺）命令，进行图像的平铺，参数设置"Scale"为30%，"Center"为"0.0，268.5"，如图8-20所示。

图8-20 "CC Tiler"参数设置及效果

7）展开"科技.jpg"图层的属性，设置"缩放"的值为360%，使得图片铺满整个屏幕，将时间线指针移到第0帧，启动"位置"属性关键帧，设置其数值为（-626，268.5），将时间指针移到第10秒处，设置"位置"数值为（1438，268.5），实现了星球图片从左向右移动的动画，第10秒处"位置"参数设置，如图8-21所示。

8）切换到"科技改变我们的未来"合成中，选中"星球"图层，执行"效果"→"透视"→"CC Sphere"命令，添加球形化特效，生成球形的效果，此时播放会发现一个转动的星球，CC Sphere参数设置，如图8-22所示。此时，按<S>键，展开"缩放"属性，设置缩放参数为60%，使得星球与手的大小画面适应。

9）单击"工具"面板中的"文本工具"，在"合成"窗口中单击，输入文字"科技改变我们的未来"，设置字体为"方正大标宋简体"，执行"效果"→"透视"→"斜面Alpha"命令，字体呈现浮雕效果；再次执行"效果"→"透视"→"投影"命令，对字体设置"阴影"效果，如图8-23所示。

图 8-21 第 10 秒处"位置"参数

图 8-22 "CC Sphere"参数设置

图 8-23 添加文字效果

图 8-24 设置路径文字

10）选中文字图层，单击"工具"面板中的"椭圆工具"，在"合成"窗口中按住<Shift>键的同时，绘制一个正圆，作为文字层的蒙版。在时间线上展开文字图层的属性，展开"文本"选项，在"路径选项"下的"路径"下拉列表中指定刚才绘制的正圆蒙版为文本路径，此时文本绕圆排列。单击"工具"面板中的"文本工具"，选中输入的文字，在"字符"面板中调整文字大小和文字间距，效果如图 8-24 所示。

11）制作文字旋转动画。将时间线指针移到第 0 秒位置，展开文字图层属性，在"路径选项"下启动"首字边距"的关键帧，将时间指针移到第 10 秒处，设定"首字边距"的参数为 1054，使得路径文字绕圆圈逆时针旋转 1 圈。

12）将"星球"图层和文字图层分别设置 3D 属性，使其转换为 3D 图层，展开文字图层的"变换"属性，调整"X 轴旋转"的数值，让其在三维空间中进行变换，如图 8-25 所示。如果在旋转时，球体遮挡住了文字，此时，可以调整一下文字的"位置"参数中 Z 坐标的参数值。

13）渲染输出：若对预览效果感到满意时，可以执行"合成"→"添加到渲染队列"命令，在"渲染队列"面板中单击"输出到："右侧的文件名，在弹出的"将影片输出到："对话框中设置影片名称和保存位置，单击"保存"按钮；单击左下角"输出模块："右侧的"无损"按钮，在弹出的"输出模块设置"对话框中单击"格式"右侧的下拉按钮，设置视频的输出格式为 FLV 格式，单击"确定"按钮退出对话框，单击"渲染"按钮进行渲染。

14）保存项目文件：执行"文件"→"整理工程（文件）"→"收集文件"命令，完成项目文件的保存工作。

第4单元　文字动画

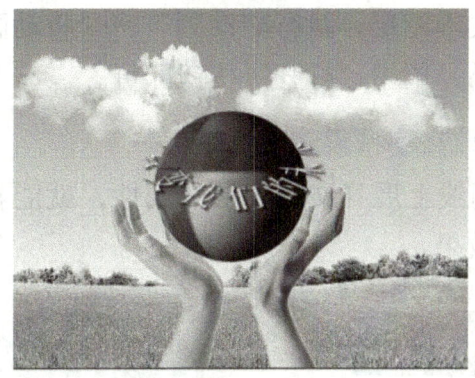

图 8-25　文字 3D 属性设置

项目 9　预设文字动画制作

学习目标

1）掌握预设文字动画的添加方法。
2）掌握预设文字动画的修改方法。

知识准备

1. 查看预设文字动画

AE CC 中内置了许多效果丰富的文字动画，可以很方便地调用这些动画效果进行文字动画设置。如果有的 AE CC 软件简化版本中没有这些预设动画，可以在早期的 AE 软件中，将 Support files 目录下的 Presets 文件夹复制到当前安装软件的 Support files 目录下，就可以使用预设文字动画效果了。选定时间线上的文本图层，执行"动画"→"将动画预设应用于"命令，在打开的"预设文本效果"对话框中，选择要应用的文本动画效果。

也可以安装 Adobe Bridge CC 软件后，执行"动画"→"浏览预设"命令，可以在 Adobe Bridge CC 中预览 Presets 中预设的动画效果，动画效果放置在 Text 文件夹中。双击进入文件夹可以看到不同效果的文字特效分别列在不同的子文件夹中。

软件 Adobe Bridge CC 需要单独在 Adobe 官方网站下载，安装时要与 AE CC 的安装路径相同。

2. 添加预设文字动画

选中时间线上的文本图层，在 Adobe Bridge CC 窗口中双击预设动画效果，则预设的文字动画效果就添加到了文字图层上。也可以选中时间线上的文本图层，在"效果和预设"面板中展开"动画预设"选项，在"文本"选项中双击需要的动画效果即可。还可以选中时间线上的文本图层,执行"动画"→"将动画预设应用于"命令,在打开的对话框中,单击需要的效果,单击"打开"按钮即可。

3. 修改文字预设动画特效

在时间线上展开文字图层的属性,就能看到添加的动画属性参数,修改参数就可达到修改动画的效果。

项目实施

《北国风光》——预设文字动画

本项目通过《北国风光》制作,掌握 AE CC 的预设文字动画添加方法,通过添加预设文字动画,制作文字逐行显示的动画效果。项目完成后的效果,如图 9-1 所示。

图 9-1 《北国风光》的制作效果

制作步骤如下

1)导入素材:启动 AE CC 软件,双击"项目"窗口的空白处,在弹出的"导入文件"对话框中,选择要导入的素材文件"背景 .jpg"。

2)将"项目"窗口中的"背景 .jpg"素材拖拽到"项目"窗口下方的"新建合成"按钮上,执行"合成"→"合成设置"命令,在打开的"合成设置"对话框中,将"合成名称"命名为"北国风光","持续时间"为 15 秒。

3)执行"图层"→"新建"→"纯色"命令,新建一个纯色层,颜色为黑色。选中该层,执行"效果"→"模拟"→"CC Snowfall"命令,添加下雪的特效,在"特效控制"面板中,调整雪团的大小为 7.5,使得鹅毛大雪的效果更强烈,也可以调整下雪的速度。将该图层的图层模式修改为"屏幕"模式,使得可以显示下面的背景,如图 9-2 所示。

图 9-2 添加"CC Snowfall"特效

4）单击"预览"面板中的"播放"按钮进行预览，发现背景图片的色彩太亮，雪团的效果不很明显。展开"背景"图层的"变换"属性，设定其"不透明度"为70%，使背景图片变暗一点。

5）单击"工具"面板中的"横排文字工具"按钮 T，在"合成"窗口中单击，确定文字的输入位置，然后将素材中的"《沁园春·雪》.txt"中的文字复制过来进行粘贴，设定字体为"华文行楷"、正文文字的大小为"20像素"，标题大小为"50像素"，"字间距"为-33，"行间距"为50，字的颜色为"黑色"，如图9-3所示。

6）选择文本图层，执行"效果"→"风格化"→"发光"命令，使文字有墨迹晕染的效果，如图9-4所示。

图9-3 文字排版效果

图9-4 添加"发光"特效

7）选中文本图层，在"效果和预设"面板中选择"动画预设"→"文字"→"多行"→"字处理"并双击该命令，动画效果便添加到文字上了，"效果和预设"面板，如图9-5所示。

8）单击数字小键盘上的<0>键预览测试动画效果，发现默认的文字动画效果较快，并且只能显示55个字符。可以进行适当的调整，选中文字图层，按<U>键显示关键帧的属性，可看到预置动画使用了4个表达式和1个自定义的"滑块"关键帧动画，如图9-6所示。

图9-5 "效果和预设"面板

图9-6 预置动画关键帧设置

9）诗词共10行内容，计划用时10秒显示完，从第1秒开始显示文字，第11秒结束。将"滑块"的第1个关键帧移到第1秒处，最后1个关键帧移到第11秒处，预览效果，还是只能显示55个字符，因为所有字符（文字及标点）是149个，所以将时间指针移到第11秒处，修改"滑块"的参数值为150（大于字符总数的149），如图9-7所示。

10）因为诗词的出现是匀速的，没有节奏感，所以要求每出现一行之后都有一个停顿。拖动时间线指针在题目"《沁园春·雪》"出现后，而第2行还没有出现的位置，单击"滑块"左侧"添加关键帧"◆按钮来添加一个关键帧。选择这个关键帧，按<Ctrl+C>组合键进行复制，本项目计划每显示完一行的内容之后，要停顿10帧的时长，那么将指针后移10帧时长，按<Ctrl+V>组合键进行粘贴，后移的这段时间是光标闪烁、打字停顿的时间，如图9-8所示。

图9-7 修改"滑块"的参数值

图9-8 设置显示完第1行之后停顿的时长

因为停顿用时10帧，为了保证原来的显示速度不变，此时需要将最后一个关键帧相应地向后移动10帧，本项目第1行显示完之后，时间指针处于1秒第11帧处，此时复制该关键帧，将指针移到1秒第21帧处进行粘贴，然后将最后一个关键帧移到11秒第10帧处。

11）依照此种方法，依次在显示完每一行诗句后暂停10帧，最后的一个关键帧也相应地向后移动10帧才能保证显示速度不变，否则，会出现最后几行的速度太快。本项目"滑块"的关键帧设置，见表9-1。"时间线"窗口，如图9-9所示。

表9-1 "滑块"的关键帧设置

诗句	显示完之后的位置	延时10帧后	最后1个关键帧位置
第1行末	1秒第11帧	1秒第21帧	11秒第10帧
第2行末	2秒第1帧	2秒第11帧	11秒第20帧
第3行末	3秒第11帧	3秒第21帧	12秒第5帧
第4行末	5秒第6帧	5秒第16帧	12秒第15帧
第5行末	6秒第21帧	7秒第6帧	13秒第0帧
第6行末	8秒第6帧	8秒第16帧	13秒第10帧
第7行末	9秒第18帧	10秒第3帧	13秒第20帧
第8行末	11秒第13帧	11秒第23帧	14秒第5帧
第9行末	13秒第3帧	13秒第13帧	14秒第15帧

图9-9 "时间线"窗口

12) 渲染输出：若对预览效果感到满意时，可以执行"合成"→"添加到渲染队列"命令，在"渲染队列"面板中单击"输出到："右侧的文件名，在弹出的"将影片输出到："对话框中设置影片名称和保存位置，单击"保存"按钮；单击左下角"输出模块："右侧的"无损"按钮，在弹出的"输出模块设置"对话框中单击"格式"右侧的下拉按钮，设置视频的输出格式为FLV格式，单击"确定"按钮退出对话框，单击"渲染"按钮进行渲染。

13) 保存项目文件：执行"文件"→"整理工程（文件）"→"收集文件"命令，完成项目文件保存工作。

项目拓展

《红旗渠简介》——旁白文字动画

本项目通过所给的图片素材及文本素材，添加预设文字动画，制作旁白文字动画效果，掌握预设文字动画的制作方法。项目完成后的效果，如图9-10所示。

图9-10 《红旗渠简介》制作效果

制作步骤如下

1) 导入素材：启动AE CC软件，在"项目"窗口中右击，在弹出的快捷菜单中，执行"导入"→"文件"命令，在"导入文件"对话框中，选中所需的图片素材，导入进来。

2）执行"合成"→"新建合成"命令，在"新建合成"对话框中，设置"合成名称"为"红旗渠简介"，设置"合成尺寸"为"720像素×576像素"，"像素长宽比"为"方形像素"，"帧速率"为"25帧/秒"，"持续时间"为50秒，背景为"黄色"。

3）输入文字：单击"工具"面板中的"文字工具"，在"合成"窗口中单击，输入"红旗渠"，在"字符"面板中设定字体为"华文行楷"、大小为"100像素"，字的颜色为"红色"，进行排版，确定文字在"合成"窗口中的位置，如图9-11所示。将时间指针移到第3秒的位置，选中该文字图层，按<Alt+]>组合键，确定该文字图层的出点在第3秒处。

图9-11 设定字体

4）选中"红旗渠"文字层，在"效果预设"面板中展开"动画预设"选项，双击"文字"→"3D文字"→"3D行盘旋入"的预设动画，制作3D盘旋进入的文字动画效果。或者执行"动画"→"将动画预设应用于"命令，在打开的对话框中，选择"Presets"→"文字"→"3D文字"→"3D行盘旋入"，单击"打开"按钮，效果与"效果预设"面板中设定的效果一样。

在英文输入状态下按<U>键，调整关键帧位置，让关键帧适应素材的长度，如图9-12所示。

图9-12 设置预设动画关键帧

5）将"项目"窗口中的"1.jpg"素材拖拽到"时间线"窗口的上层，确保该图片素材的入点为第3秒处，选定该图层，将时间指针移到第6秒处，按<Alt+]>组合键，确定该图片图层的出点在第6秒处。按<S>键，调出图片的缩放属性，设定该图片缩放参数为110%，如图9-13所示。

图9-13 时间线上素材排列

6）使用"文字工具"在"合成"窗口中单击，再在素材文件夹中双击保存素材的文件夹，打开"红旗渠简介.txt"文件，按<Ctrl+C>组合键复制文本文件中的所有文字，在"合成"窗口中按<Ctrl+V>组合键进行粘贴，单击"工具"面板中的"文本工具"选定文字，在"字符"面板中设定字体为"华文行楷"，大小为"20像素"，颜色为"红色"，并进行排版。选定该文本图层，将该文本素材的入点移到第6秒处。单击选中该文本图层，按<Enter>键，重命名为"红旗渠简介"。

7）选定"红旗渠简介"文本图层，在"效果预设"面板中展开"动画预设"选项，双击"文字"→"动画入"→"打字机"的预设动画，制作打字机动画效果。将时间指针移到第15秒处，按<Alt+]>组合键，

图9-14 预置动画关键帧

确定该文字图层的出点在第15秒处。按<U>键，展开关键帧显示，调整关键帧位置，让关键帧适应素材时长，如图9-14所示。

8）将"项目"窗口中的"2.jpg"拖拽到时间线"红旗渠简介"图层的上方，将该图片素材的入点移到第15秒处，按<Ctrl+Alt+F>组合键将时间指针移到第18秒处按<Alt+]>组合键。

9）单击"工具"面板中的"文本工具"，在"合成"窗口中单击，输入文字"劈开太行山"。在"字符"面板中设置"华文行楷"、字号为"100像素"，颜色为红色。在"合成"窗口中排好版式，调整文字图层的入点接在前一个素材之后，出点在23秒处。

10）选定"劈开太行山"文字图层，在"效果预设"面板中展开"动画预设"选项，双击"文字"→"机械"→"活塞"的预设动画，制作如活塞运动效果的文字动画。

11）将时间指针移到第23秒处，将"项目"窗口中的"3.jpg"图片素材拖拽到"劈开太行山"文字图层的上方，确保该图片素材图层的入点为第23秒处，选定"3.jpg"图片素材图层，按<Ctrl+Alt+F>组合键。使得该图片能适应"合成"窗口大小，将时间指针移到第26秒处，按<Alt+]>组合键，确定出点为第26秒处。时间线排列，如图9-15所示。

图9-15 时间线排列素材

12）单击"工具"面板中的"文本工具"，在"合成"窗口中单击，输入文字"凌空除险虎口拔牙"。在"字符"面板中设置"华文行楷"、字号为"60像素"，颜色为"红色"。在"合成"窗口中排好版式，调整文字图层的入点接在前一个素材之后，将时间指针移到第30秒处，按<Alt+]>组合键，就可以确定出点在30秒处。

13）选定"凌空除险虎口拔牙"图层，在"效果预设"面板中展开"动画预设"选项，双击"文字"→"跟踪"→"弹性拉伸"的预设动画，制作弹性拉伸运动效果的文字动画。按<U>键，展开关键帧设置，调整关键帧位置，让关键帧适应素材时长，如图9-16所示。

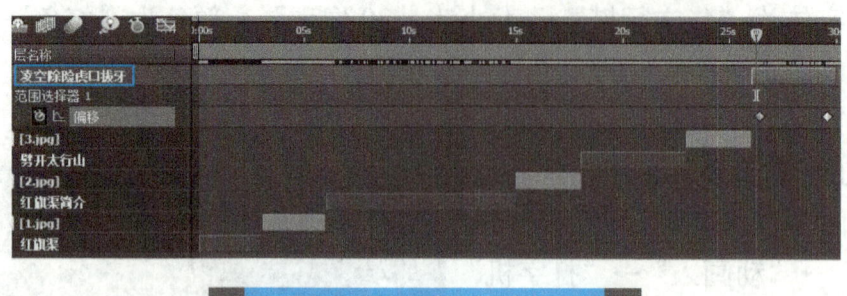

图9-16 时间线窗口

14）将"项目"窗口中的"4.jpg"图片素材拖拽到"凌空除险虎口拔牙"文字图层的上方，确保该图片素材图层的入点为第30秒处，选定"4.jpg"图片素材图层，按<Ctrl+Alt+F>组合键。使得该图片能适应"合成窗口"大小，将时间指针移到第33秒处，按<Alt+]>组合键，确定出点为第33秒处。

15）单击"工具"面板中的"文本工具"，在"合成"窗口中单击，输入文字"红旗渠分水闸"。在"字符"面板中设置"华文行楷"、字号为"60像素"，颜色为"红色"。在"合成"窗口中排好版式，调整文字图层的入点接在前一个素材之后，将时间指针移到第36秒处，按<Alt+]>组合键，就可以确定出点在36秒处。

16）选定"红旗渠分水闸"图层，在"效果预设"面板"中展开"动画预设"选项，双击"文字"→"路径"→"斜坡滑入"的预设动画，制作斜坡滑入运动效果的文字动画。按<U>键，展开关键帧设置，调整关键帧位置，让关键帧适应素材时长。

17）将"项目"窗口中的"5.jpg"图片素材拖拽到"红旗渠分水闸"文字图层的上方，确保该图片素材图层的入点为第36秒处，选定"5.jpg"图片素材图层，按<Ctrl+Alt+F>组合键。使得该图片能适应"合成"窗口大小，将时间指针移到第39秒处，按<Alt+]>组合键，确定出点为第39秒处。时间线素材排列，如图9-17所示。

图9-17 时间线素材排列

18）将"工作区域结尾滑块"拖拽到39秒处，确定渲染的时长共为39秒。单击"预览"面板中的"播放"按钮进行预览效果。

19）渲染输出：若对预览效果感到满意时，可以执行"合成"→"添加到渲染队列"命令，在"渲染队列"面板中单击"输出到："右侧的文件名，在弹出的"将影片输出到："对话框中设置影片名称和保存位置，单击"保存"按钮；单击左下角"输出模块："右侧的"无损"按钮，在弹出的"输出模块设置"对话框中单击"格式"右侧的下拉按钮，设置视频的输出格式为FLV格式，单击"确定"按钮退出对话框，单击"渲染"按钮进行渲染。

20）保存项目文件：执行"文件"→"整理工程（文件）"→"收集文件"命令，完成项目文件保存工作。

项目 10　文字"动画制作工具"应用

学习目标

1）掌握文字图层"动画制作工具"系统建立和编辑文字动画的方法。
2）利用文字"动画制作工具"系统建立丰富多彩的文字动画。
3）掌握光线追踪3D渲染器的设定方法。
4）掌握立体文字动画的制作方法。

知识准备

1．文字图层的"动画制作工具"系统

利用"工具"面板中的"文字工具"在"合成"窗口中输入文字后，在时间线上展开文字图层属性，会在"文本"属性的右侧发现"动画"属性按钮，如图10-1所示。

单击"动画"右侧的小三角 按钮，弹出"动画"属性快捷菜单，如图10-2所示。单击选择其中的一个动画属性，系统会自动在"文本"属性下增加一个"动画制作工具1"选项。例如，添加"位置"动画属性后的时间线显示，如图10-3所示。动画制作工具由三部分组成，分别是"动画属性""范围选择器""高级"。

图10-1　文本的"动画"属性

图10-2　文本"动画"属性菜单

图10-3 添加"位置"动画属性后的时间线显示

（1）动画属性

"动画属性"是指图10-2中的任意一种要添加的动画属性，它对指定的文本区域产生影响。从图10-2中可以看出 AE CC 可以对文本的变换属性、颜色、字符间距等进行动画设置。

（2）范围选择器

"范围选择器"用于指定动画参数影响的范围。展开"范围选择器"选项，"起始"控制选取范围的开始位置，"结束"控制选取范围的结束位置，以百分比显示选取范围。0%表示为整段文本的开始位置，100%表示为整段文本的结束位置，通过调整"起始""结束"参数即可改变选取范围。

选取范围调整好后，可以调整"偏移"参数来控制整个选取范围的位置，通过对这三个参数设置关键帧，即可实现文本的局部动画。只有在选取范围内的内容才具有动画设置效果，范围外的区域恢复原状。

（3）高级

"高级"选项用于调整控制动画状态，如图10-4所示。"单位"下拉列表用于指定使用的单位。在"依据"下拉列表中可以选择动画调整基于何种标准；"模式"下拉列表用于设置动画的算法；"数量"参数设置动画属性对字符的影响程度；"形状"下拉列表指定动画的曲线外形；"缓和高"和"缓和低"参数控制动画曲线的平滑度，可以产生平滑或者突变的动画效果。

对文本添加动画后，可以看到"动画制作工具1"后面增加了"添加"下拉列表。该下拉列表可以在当前动画中新增"属性"或者"选择器"，如图10-5所示。也可以在"动画制作工具"中设置若干个动画，产生较为复杂的文字动画。

图10-4 "高级"选项

图10-5 "添加"下拉列表

2. "光线追踪 3D" 渲染器

"光线追踪 3D"渲染器可以模拟真实的物理反射特性进行渲染，从而让 3D 渲染出来的场景更真实。例如，模拟玻璃的反射、镜子的反射、金属的反射等。在 AE CC 中对文字和形状图层进行光线追踪 3D 渲染可以制作立体文字效果和立体图形。

在新建"合成设置"对话框中有 2 个选项卡，默认是在"基本"选项卡下，可以对制作的影片的画面大小、帧速率、持续时间、背景颜色等进行设置，如图 10-6 所示。

图 10-6 新建"合成设置"对话框"基本"选项卡

当单击"高级"选项卡时，在"渲染器"右侧的下拉列表中选择"光线追踪 3D"就可以将"渲染器"设置为"光线追踪 3D"渲染器，如图 10-7 所示。当选中图层并将合成设置为"光线追踪 3D"时，单击"确定"按钮后，弹出"警报"对话框，如图 10-8 所示，提示可以渲染和不能渲染的内容。当将所选中的图层转为三维图层后，会在图层属性面板中看到一些新的属性，如图 10-9 所示。

图 10-7 设置"光线追踪 3D"渲染器

图 10-8 "光线追踪 3D"渲染警报

图10-9 新增的图层属性

1)"几何选项"可以设置立体效果,"斜面样式"有"无""尖角""凹面""凸面"4个选项,"斜面深度"可设置立体两端的倾斜面厚度,"凸出深度"可设置立体效果的厚度。

2)"材质选项"可对模拟的物理参数进行设置,其参数的变化会在"合成"窗口中及时体现出来。

3)"动画"可以添加相应的动画属性,在时间线上会出现对应的"动画制作工具",可对"范围选择器"的参数及"动画"属性参数设置动画效果,如图10-10所示。

图10-10 动画制作工具属性

项目实施

《技能改变命运》——文字"动画制作工具"制作动画

一般可以利用文字图层的基本属性设置动画、预置文字动画、动画制作工具系统制作文字动画。本项目通过《技能改变命运》制作,掌握 AE CC 中利用文字"动画制作工具"系统的"属性"和"范围选择器"来制作文字的动画。项目完成后的效果,如图10-11所示。

图10-11 《技能改变命运》的制作效果

第 4 单元　文字动画

制作步骤如下

1）建立合成：启动 AE CC 软件，执行"合成"→"新建合成"命令，在打开的"合成设置"对话框中，将"合成名称"命名为"技能改变命运"，大小为"720 像素×576 像素"，"帧速率"为"25 帧 / 秒"，"像素长宽比"为"方形像素"，"持续时间"为 10 秒，背景"颜色"为"黄色"。

2）单击"工具"面板中的"文本工具"，在"合成"窗口中单击并输入文字"技能改变命运大赛点亮人生"，在"字符"面板中设定字的颜色为红色，字体为"华文行楷"、大小为"60 像素"、字型为"加粗"，如图 10-12 所示。

图 10-12　文字属性

3）选中文字图层，在"段落"面板中单击"居中对齐"按钮，再调整一下文字在"合成"窗口中的位置。这样就使文本的中心点处于文字的水平中间位置，如图 10-13 所示。

4）制作文字从"合成"窗口的上方逐个飞入的动画效果。展开文本图层的属性，单击"动画"右侧的按钮动画，在弹出的下拉列表中选择"位置"选项，设置"位置"的 Y 轴坐标值为 –300，使得文字处于"合成"窗口的上方，如图 10-14 所示。

图 10-13　文字的段落设置

图 10-14　设置"动画制作工具 1"下的"位置"属性

注意：添加了"动画"下的"位置"动画后，时间线上就会出现"动画制作工具1"的选项，有一个"范围选择器1"选项，当"起始"为0%，"结束"为100%时，则选取范围是整段文字，默认的就是这种状态，当"位置"改变时，整段文字都在移动，这是因为只有在选取范围内的文字才具有"位置"动画属性，选取范围外的文字依然保持添加"位置"动画之前的初始状态。

将时间线指针移到第 0 秒处,单击"起始"左侧的"钟表"按钮,启动"起始"关键帧,此时"起始"参数值为 0%,将时间指针移到第 2 秒处,设置"起始"参数值为 100%,拖动时间线指针,会发现文字逐个从"合成"窗口顶部飞入,如图 10-15 所示。

图 10-15 "起始"关键帧设置

5)制作文字彼此隔开距离的动画。在上一步中,在第 2 秒时由于设定"起始"的数值变为 100%,使文字的选取范围变为 0,所有的动画属性将不影响文字。因此需要建立新的动画。

选中文字图层,单击"动画"右侧的按钮,在弹出的下拉列表中,选择"字符间距"选项,系统自动建立了"动画制作工具 2",此时指针处于第 2 秒处,启动"字符间距大小"关键帧,将指针移到第 3 秒处,设置"字符间距大小"的参数为 4,使得文字从中间彼此隔开距离,如图 10-16 所示。

图 10-16 设置"字符间距大小"关键帧

6)制作文字左右摆动的动画。在"动画制作工具 2"中的选取范围包含所有文字,所以不需要建立新的动画,只需要在现有基础上添加新的动画属性。单击"动画制作工具 2"右侧的"添加"按钮,在弹出的快捷菜单中执行"属性"→"倾斜"命令,将时间指针移到 3 秒第 10 帧处,启动"倾斜"关键帧,指针移到第 4 秒处,设置"倾斜"的参数值为 40,将时间指针移到 4 秒第 15 帧处,设置"倾斜"的参数值为 -40,将时间指针移到 4 秒第 20 帧处,设置"倾斜"的参数值为 0,如图 10-17 所示。

图 10-17 设置"倾斜"属性

7）制作所有文字随波浪划过的动画效果。选中文字图层，单击"动画"右侧的按钮，在下拉列表中选择"缩放"，时间线出现"动画制作工具3"选项，展开"范围选择器1"，设置"结束"为30%，"缩放"为200%。单击"动画制作工具3"右侧的"添加"按钮，在弹出的菜单中选择"字符间距"，设置"字符间距大小"为50。将时间指针移到5秒第5帧处，启动"缩放""偏移"关键帧，设置"偏移"数值为−29%。将时间指针移到5秒第4帧处，设置"缩放"为100%。将时间指针移到第7秒处，设置"偏移"为100%，展开"高级"选项，设置"形状"为圆形，拖动时间线指针观察效果，就看到了文字随波浪进行滑动、鼓出放大再缩回的动画，"时间线"窗口如图10-18所示。

图10-18 "时间线"窗口

8）将时间线上的"工作区域结尾"滑块拖拽到第7秒处，使得该合成的渲染时长为7秒。

9）渲染输出：若对预览效果感到满意时，可以执行"合成"→"添加到渲染队列"命令，在"渲染队列"面板中单击"输出到："右侧的文件名，在弹出的"将影片输出到"对话框中设置影片名称和保存位置，单击"保存"按钮；单击左下角"输出模块："右侧的"无损"按钮，在弹出的"输出模块设置"对话框中单击"格式"右侧的下拉按钮，设置视频的输出格式为FLV格式，单击"确定"按钮退出对话框，单击"渲染"按钮进行渲染。

10）保存项目文件：执行"文件"→"整理工程（文件）"→"收集文件"命令，完成项目文件保存工作。

项目拓展

《新闻联播》—— 立体文字动画

本项目通过使用光线追踪3D渲染器来制作立体文字效果，结合文本动画制作工具设置文字动画，掌握立体文字动画的制作方法。项目完成后的效果，如图10-19所示。

图10-19 《新闻联播》制作效果

制作步骤如下

（1）导入素材

启动AE CC软件，在"项目"窗口中右击，在弹出的快捷菜单中，执行"导入"→"文件"命令，在"导入文件"对话框中，选中所需的"联播背景.mp4"和"开播音乐.mp3"素材，导入进来。

（2）建立合成

执行菜单命令"合成"→"新建合成"，在打开的"合成设置"对话框中，设置"合成名称"为"新闻联播"，将"预设"选择为"HDV/HDTV 720 25"，将"持续时间"设为17秒，单击"确定"按钮，如图10-20所示。将"项目"窗口中的"联播背景.mp4"和"开播音乐.mp3"素材拖拽到"时间线"窗口中。

展开"联播背景.mp4"图层的"变换"属性，将"缩放"比例修改为200%，如图10-21所示。因为"开播音乐.mp3"的时长是16秒21帧，所以将"联播背景.mp4"的出点定在16秒第21帧处。

图10-20 "合成设置"对话框

图10-21 修改"联播背景"的缩放比例

（3）建立文字动画

1）在"时间线"窗口的空白处右击，在弹出的菜单中执行"新建"→"文本"命令，单击"工具"面板中的"横排文本工具"按钮，在"合成"窗口中输入"关注新闻"，按数字小键盘上的<Enter>键结束输入状态，在"字符"面板中设置字体为"经典黑体简"，大小为"140

像素",在"段落"面板中设置为"居中对齐文本",如图10-22所示。

图10-22 建立文本

2)将时间线指针移到第4秒处,拖拽"关注新闻"文字层的入点到第4秒处。

3)展开文字图层,单击"动画"右侧的▶按钮,选择弹出列表中的"启用逐字3D化",文字层的三维开关处将显示为 开关。

4)单击"动画"右侧的▶按钮,选择弹出列表中的"字符间距",将添加一个"动画制作工具1",在第4秒处单击打开"字符间距大小"左侧的"钟表"按钮,设置参数为100,将时间指针移到第8秒处,设置参数为10。

5)单击"添加"后面的▶按钮,选择弹出列表中的"属性"→"旋转",将在"动画制作工具1"下添加"旋转"属性,将时间线指针移到第4秒处,单击打开"Y轴旋转"前面的秒表,设定参数为-60°,将时间线指针移到第8秒处,设定参数为0°,时间线文字图层显示,如图10-23所示。拖动时间线指针,查看文本动画效果,发现文字向中心合拢的同时,由倾斜的侧面转正。

图10-23 设置文本动画

6)单击"添加"后面的▶按钮,选择弹出列表中的"属性"→"位置",将在"动画制作工具1"下添加"位置"属性,将时间线指针移到第8秒处,单击打开"位置"左侧的"钟表"按钮,设置第8秒处为(0,0,0),8秒第24帧时为(0,0,-540)。

7）将"Y轴旋转"的8秒第24帧设为90°，然后按<Alt+]>组合键剪切文字图层出点。查看文字动画，文字旋转的同时向近处飞出画面。

8）选中"关注新闻"文字图层，按<Ctrl+D>组合键创建一个副本，双击复制的图层修改文字为"XUE YUAN TV"，按数字小键盘上的<Enter>键结束输入状态。在"字符"面板中设置字的大小为"50像素"，设置基线偏移为-100，在时间轴中将时间移到第4秒处，将动画制作工具下的参数"字符间距大小"修改为50。

9）选中这两个文字图层，按<Ctrl+C>组合键进行复制，再按<Ctrl+V>组合键进行粘贴，然后将复制产生的两个新层入点移到第9秒处，将文字修改为"新闻联播"和"学院电视台"。

10）选中"新闻联播"图层，按<U>键展开其关键帧属性，将时间指针移到第9秒处，重新设置"位置"为（0，0，-540），"Y轴旋转"为60，"字符间距大小"100；11秒第12帧处设置"位置"为（0，0，0），"Y轴旋转"为0，"字符间距大小"为10，删除其他关键帧。

11）选中"学院电视台"，按<U>键展开其关键帧属性，将时间指针移到第9秒处，重新设置"位置"为（0，0，-540），"Y轴旋转"为60，"字符间距大小"50；11秒第12帧处设置"位置"为（0，0，0），"Y轴旋转"为0，"字符间距大小"为80，删除其他关键帧，如图10-24所示。

图10-24 复制后的文字关键帧设置

12）拖动"新闻联播"图层的出点至16秒第21帧处；再把"学院电视台"图层的出点至16秒第21帧处，使文字与音乐时长相同。

（4）设置立体文字效果

1）执行"合成"→"合成设置"命令，在打开的"合成设置"对话框中，单击"高级"选项卡，在"渲染器"右侧的下拉列表中，选择"光线追踪3D"，如图10-25所示，

图10-25 设置"光线追踪3D"渲染器

单击"确定"按钮。

> **注意：** 在"光线追踪3D"渲染器的合成中，预览运算量比较大，可以适当降低预览质量来换取较快的预览时间，可以将合成面板下的分辨率设为"自动"或者"四分之一"，将图层的"质量和采样"开关切换为 ▨ 状态。

2）首先设置"新闻联播"的立体文字效果（文字厚度）。展开"新闻联播"图层下的"几何选项"，将"斜面样式"设为"凸面"，"斜面深度"设为5，"凸出深度"设为50，如图10-26所示。

3）展开"新闻联播"图层的属性，单击"文本"属性"动画"后面的 ▶ 按钮，选择"前面"→"颜色"→"RGB"命令，这样就添加了一个"动画制作工具2"，然后将其中的"正面颜色"设为RGB（255，255，0）黄色，如图10-27所示。

图10-26 设置文字的厚度

图10-27 设置文字正面的颜色

4）在"动画制作工具2"下单击"添加"后面的 ▶ 按钮，选择"属性"→"斜面"→"颜色"→"RGB"命令，添加一个"斜面颜色"，设为RGB（255，150，0）橙黄色。

5）在"动画制作工具2"下单击"添加"后面的 ▶ 按钮，选择"属性"→"边线"→"颜色"→"RGB"命令，添加一个"侧面颜色"，设为RGB（255，100，0）橙色，如图10-28所示。

图10-28 添加"斜面"和"侧面"颜色

6）此时预览文字效果，发现文字没有质感和空间感。

7）为了增加质感和空间感，需要添加灯光。在时间线的空白处右击，选择"新建"→"灯光"命令，在打开的"灯光设置"对话框中设置"灯光类型"为"聚光"，"强度"为50%，单击"确定"按钮建立"灯光1"，在时间轴中，展开"灯光1"图层的"变换"属性，将其"位置"的Z轴设为-1000，在"自定义视图1"中查看，如图10-29所示。

8）在时间线的空白处右击，选择"新建"→"灯光"命令，在打开的"灯光设置"对话框中设置"灯光类型"为"平行"，"强度"为50%，单击"确定"按钮建立"灯光2"，在时间轴中，展开"灯光2"图层的"变换"属性，将其"位置"的X轴设为1500，在"自定义视图1"中查看，如图10-30所示。

图10-29 设置"灯光1"

图10-30 设置"灯光2"

9）在时间线的空白处右击，选择"新建"→"灯光"命令，在打开的"灯光设置"对话框中设置"灯光类型"为"平行"，"强度"为35%，单击"确定"按钮建立"灯光3"，在时间轴中，展开"灯光3"图层的"变换"属性，将其"位置"的X轴设为0，在"自定义视图1"中查看，如图10-31所示。

图10-31 设置"灯光3"

10）设置"学院电视台"文字的厚度。选中"学院电视台"图层，展开"几何选项"，将"斜面样式"设为"凸面"，"凸出深度"设为5。

11）设置"学院电视台"文字的颜色与"新闻联播"文字同样的颜色。使用复制和粘贴的方法来制作。展开"新闻联播"图层，单击选定"动画制作工具2"，按<Ctrl+C>组合键进行复制，然后，选定"学院电视台"图层，按<Ctrl+V>组合键进行粘贴，使得"学院电视台"与"新闻联播"具有同样的颜色。

12）同样为其他文字设置立体效果，使用复制和粘贴的方法来制作。展开"新闻联播"图层，按<Ctrl>键依次单击选定"动画制作工具 2""几何选项"，按<Ctrl+C>组合键进行复制；然后选中"关注新闻"图层，按<Ctrl+V>组合键进行粘贴，这样将设置立体文字的属性进行了复制操作，如图 10-32 所示。

图 10-32　复制图层的属性设置

13）在"学院电视台"图层下，按<Ctrl>键依次单击选定"动画制作工具 2"和"几何选项"属性，按<Ctrl+C>组合键进行复制；然后选中"XUE YUAN TV"图层，按<Ctrl+V>组合键进行粘贴。

（5）渲染输出

若对预览效果感到满意时，可以执行"合成"→"添加到渲染队列"命令，在"渲染队列"面板中单击"输出到："右侧的文件名，在弹出的"将影片输出到："对话框中设置影片名称和保存位置，单击"保存"按钮；单击左下角"输出模块："右侧的"无损"按钮，在弹出的"输出模块设置"对话框中单击"格式"右侧的下拉按钮，设置视频的输出格式为 FLV 格式，单击"确定"按钮退出对话框，单击"渲染"按钮进行渲染。

（6）保存项目文件

执行"文件"→"整理工程（文件）"→"收集文件"命令，完成项目文件的保存工作。

第 5 单元
三维合成

项目 11　三维图层合成

学习目标

1) 了解制作三维效果的基本思路和技巧。
2) 熟悉三维图层、绑定等工具的功能。
3) 掌握空对象的使用方法。
4) 掌握应用三维图层的技巧。

知识准备

1. 三维空间

客观存在的现实空间就是三维空间，具有长、宽、高三种度量，也称为三个维度。所有的物体都是三维对象，对它进行旋转或者改变观察视角时，所观察的内容将有所不同。

2. 三维视图

在合成窗口中，单击底部的下拉按钮 ，可以通过多个视图进行观察，如图 11-1 所示。

1) 活动摄像机：用户可以在活动摄像机视图中对 3D 对象进行操作，它相当于所有摄像机的总控制台。
2) 摄像机 1：人工添加摄像机后才出现该视图。如果需要在三维空间中进行特效合成，最后输出的影片都是

图 11-1　视图的观察方式

摄像机视图中所显示的影片，摄像机视图就好像是用户扛着一架摄像机在进行拍摄一样。可添加多个摄像机。

3）六视图：六视图包含立方体的六个面，利用这些视图可以从不同角度观察三维空间中的对象。

4）自定义视图：自定义视图不使用任何透视，在该视图中用户可以直观地看到对象在三维空间中的位置，而不受透视产生的其他影响。

3．三维图层的属性

时间线上有一列三维开关，每一个图层都有一个三维开关按钮。当单击图层的三维开关 按钮时，图层就转为三维图层，图层的属性也发生了变化，增加了 Z 轴的数据，并且还具有材质选项属性，如图 11-2 所示。

图11-2　三维图层的属性

4．AE 中的坐标系

AE 的坐标原点在屏幕的左上角，向右为 X 轴的正方向；向下为 Y 轴的正方向；同时垂直于 X 轴和 Y 轴，并且向画面内部延伸，则为 Z 轴的正方向，如图 11-3 所示，这就叫作世界坐标系。

在 AE 中，一个对象的"位置"参数不是我们看到的图形在空间中的位置，而是中心点（锚点）在空间中的绝对位置（当然这是在没有父物体的情况下）。图层的变换属性中"位置"参数就是锚点在世界坐标中的位置，而锚点的参数则是锚点相对于该图形的左上角的位置。

简而言之，图形的位置是基于世界坐标系的，锚点的位置是基于图形的坐标系的。世界坐标系的原点在合成的左上角，图形坐标系的原点在图形的左上角。

图11-3　AE中的坐标系（世界坐标系）

以正方形为例，新建一个 400 像素×400 像素正方形后，此时锚点位于正方形中心。锚点参数就是该矩形中心相对于图形左上角的位置，即锚点参数为（200,200,0）；"位置"

参数则是相对于屏幕左上角的位置。在1280像素×720像素的合成中，矩形的位置参数为（640,360,0）；而在720像素×576像素的合成中，矩形的位置参数为（360,288,0）；锚点参数同样为（200,200,0）。

项目实施

《立方体旋转动画》——三维图层的合成

本项目是《立方体旋转动画》，立方体物件的每个角度都呈现在观众眼前，相对于平面效果有更强的立体感。制作过程中需要用到图层属性、绑定、摄像机等功能，通过设定相应参数，完成项目的制作。项目完成后的效果如图11-4所示。

图11-4 《立方体旋转动画》制作效果

1. 素材图片为6张400像素×400像素的正方形，制作立方体旋转动画

制作步骤如下

（1）创建合成

启动AE CC软件后，执行菜单命令"合成"→"新建合成"，打开"合成设置"对话框。在对话框中，"合成名称"设置为"立方体"，"预设"选择为"HDV/HDTV 720 25"，宽度自动变为1280像素，高度自动变为720像素，"像素长宽比"设定为"方形像素"，"帧速率"设为25帧/秒，设置持续时间为5秒，单击"确定"按钮，就建立了一个高清格式大小为1280×720分辨率的合成，如图11-5所示。

图11-5 合成的相关设置

（2）导入素材并使素材入轨

在"项目"窗口中双击，在弹出的导入文件对话框中，选择要导入的6个大小为400像素×400像素的正方形图片素材和1个背景图片素材，然后单击"打开"按钮，即可导入素材，导入项目窗口中的素材如图11-6所示；在项目窗口中选定这7个素材，将素材添加到时间线面板中，调整图层排列顺序，如图11-7所示。单击选定"背景"图层，按组合键<Ctrl+Alt+F>，使背景图片撑满整个合成窗口。

第5单元 三维合成

图11-6 项目窗口

图11-7 添加到时间线中的素材

（3）开启三维图层

按<Ctrl>键，用鼠标分别选中"1.jpg"～"6.jpg"，单击三维模式按钮，开启三维模式，如图11-8所示。

（4）在时间线上编辑素材

1）分别单击时间轴上图层"2.jpg"～"6.jpg"左边的"显示与隐藏"按钮，暂时隐藏图层"2.jpg"～"6.jpg"，如图11-9所示。

图11-8 开启图层的三维模式

图11-9 暂时隐藏"2.jpg"～"6.jpg"图层

2）单击选择"1.jpg"图层，单击图层左侧的三角，展开图层"1.jpg"的"变换"参数，如图11-10所示。可以看到，"锚点"的参数值就是（200,200,0），是针对图形坐标系而言的，因为图片"1.jpg"的大小是400像素×400像素，"锚点"就在图片的中心；而"位置"参数是针对世界坐标系而言的，处于合成窗口（1280像素×720像素）的中心，所以"位置"的参数为（640,360,0）。

3）将图片"1.jpg"调整到正方体的正后面。单击"位置"参数的Z坐标参数，设为200，即图片"1.jpg"的"位置"参数调整为（640,360,200），如图11-11所示。

4）将图片"2.jpg"置于正方体的左侧面。首先单击"2.jpg"图层左边的"显示与隐藏"按钮，使"2.jpg"图层处于显示状态。然后展开"2.jpg"图层的"变换"参数，设置"Y轴旋转"的参数值为90°，这样就使图片"2.jpg"绕Y轴旋转90°；再设置"位置"参数的X值，即在X轴上左移200像素，使X值变为440（即640-200）像素，调整完成后，"2.jpg"图层的"位置"参数为（440,360,0）。此时，"2.jpg"图层的"变换"参数如图11-12所

— 109 —

示；合成窗口效果如图11-13所示。

图11-10 展开图层的"变换"参数

图11-11 调整图片"1.jpg"的"位置"参数

图11-12 "2.jpg"图层的"变换"参数

图11-13 合成窗口效果

5）将图片"3.jpg"置于正方体的右侧面。首先单击"3.jpg"图层左边的"显示与隐藏"按钮，使"3.jpg"图层处于显示状态。然后展开"3.jpg"图层的"变换"参数，设置"Y轴旋转"的参数值为90°，这样就使"3.jpg"绕Y轴旋转90°；再设置"位置"参数的X值，即在X轴上右移200像素，使X值变为840（即640+200）像素，调整完成后，"3.jpg"图层的"位置"参数为（840,360,0）。此时，"3.jpg"图层的"变换"参数如图11-14所示；合成窗口效果如图11-15所示。

图11-14 "3.jpg"图层的"变换"参数

图 11-15 合成窗口效果

6）将图片"4.jpg"置于正方体的底面。首先单击"4.jpg"图层左边的"显示与隐藏"按钮 ，使"4.jpg"图层处于显示状态。然后展开"4.jpg"图层的"变换"参数，设置"X轴旋转"的参数值为90°，这样就使图片"4.jpg"绕X轴旋转90°；再设置"位置"参数的Y值，即在Y轴上下移200像素，使Y值变为560（即360+200）像素，调整完成后，"4.jpg"图层的"位置"参数为（640,560,0）。此时，"4.jpg"图层的"变换"参数如图11-16所示；合成窗口效果如图11-17所示。

图11-16 "4.jpg"图层的"变换"参数　　　　图11-17 合成窗口效果

7）将图片"5.jpg"置于正方体的顶面。首先单击"5.jpg"图层左边的"显示与隐藏"按钮 ，使"5.jpg"图层处于显示状态。然后展开"5.jpg"图层的"变换"参数，设置"X轴旋转"的参数值为90°，这样就使图片"5.jpg"绕X轴旋转90°；再设置"位置"参数的Y值，即在Y轴上，上移200像素，使Y值变为160（即360-200）像素，调整完成后，"5.jpg"图层的"位置"参数为（640,160,0）。此时，"5.jpg"图层的"变换"参数如图11-18所示；合成窗口效果如图11-19所示。

图11-18 "5.jpg"图层的"变换"参数　　　　图11-19 合成窗口效果

8）将图片"6.jpg"置于正方体的正前面。首先单击"6.jpg"图层左边的"显示与隐藏"按钮 ，使"6.jpg"图层处于显示状态。然后展开"6.jpg"图层的"变换"参数，设置"位置"参数的Z值，即在Z轴上，前移200像素，使Z值变为-200（即0-200）像素，调整完成后，"6.jpg"图层的"位置"参数为（640,360,-200）。此时，"6.jpg"图层的"变换"参数如图11-20所示；合成窗口效果如图11-21所示。

图11-20 "6.jpg"图层的"变换"参数

图11-21 合成窗口效果

(5) 添加摄像机图层

1) 执行"图层"→"新建"→"摄像机"命令，建立摄像机。将摄像机命名为"摄像机1"，如图11-22所示，创建后的摄像机图层如图11-23所示。

图11-22 摄像机参数

图11-23 时间线中的摄像机图层

2) 单击工具栏中的"统一摄像机"工具，此时光标变成形状，在合成窗口中拖动鼠标，可以看到立方体形状已经组成，如图11-24所示。

第5单元 三维合成

图11-24 立方体形状

（6）建立空对象图层，绑定图层

1）执行"图层"→"新建"→"空对象"命令，建立空对象图层，并将空对象图层设置"三维"属性。

2）选中"1.jpg"～"6.jpg"6个图层，在其中任何一个图层的"父级"属性下单击，在下拉菜单中选"空1"图层，把所有图层链接到空对象图层上，如图11-25所示。

图11-25 设置"1.jpg"～"6.jpg"6个图层与"空1"图层的父子链接

3）将时间线上的位置标尺移动起始点到0秒处，选择"空1"图层，打开其三维模式属性，按<R>键显示旋转属性，单击X轴旋转、Y轴旋转、Z轴旋转参数前面的码表，添加关键帧，如图11-26所示。

图11-26 激活关键帧后的时间线面板

— 113 —

4）将时间线上的位置标尺拖到尾部5秒处，将X轴旋转、Y轴旋转、Z轴旋转参数设置为720°，即旋转两周，时间线面板上的参数如图11-27所示，此时自动记录关键帧。

图11-27　设置旋转角度后时间线面板

5）动画制作完成，预览效果。

（7）渲染输出

若对预览效果感到满意时，可以执行"合成"→"添加到渲染队列"命令，在渲染队列面板中单击"输出到："右侧的文件名，在弹出的对话框中设置影片名称和保存位置，单击"保存"按钮，单击左下角"输出模块："右侧的"无损"，在弹出的对话框中单击格式右侧的下拉按钮，设置视频的输出格式为FLV格式，单击"确定"按钮退出对话框，单击"渲染"按钮进行渲染。

（8）保存项目文件

执行菜单命令"文件"→"整理工程（文件）"→"收集文件"，完成项目文件保存工作。

2．素材图片不是正方形，制作立方体旋转动画

制作步骤如下

（1）创建合成

启动AE CC软件后，执行菜单命令"合成"→"新建合成"，打开"合成设置"对话框，在对话框中，"合成名称"设置为"红旗渠风景立方体旋转动画"，"预设"选择为"HDV/HDTV 720 25"，宽度自动变为1280像素，高度自动变为720像素，"像素长宽比"设定为"方形像素"，"帧速率"设为25帧/秒，设置持续时间为5秒，单击"确定"按钮，就建立了一个高清格式大小为1280×720分辨率的合成。

（2）导入素材并素材入轨

在"项目"窗口中双击，在弹出的导入文件对话框中，选择要导入的6张大小不一致的红旗渠风景图片素材和1个背景图片素材，然后单击"打开"按钮，即可导入素材，在项目窗口中选定这7个素材，将素材添加到时间线面板中。单击选定"背景"图层，按组合键<Ctrl+Alt+F>，使得背景图片撑满整个合成窗口，时间线窗口如图11-28所示。

图11-28　时间线窗口

(3) 对每个图层建立预合成

1) 单击选定时间线上的图层"1.jpg",按组合键<Ctrl+Shift+C>,对图层"1.jpg"进行预合成,弹出预合成对话框,在对话框中单击"确定"按钮。在"项目"窗口中,鼠标右击"1.jpg 合成 1",在快捷菜单中,执行"合成设置"命令,弹出"合成设置"对话框,修改"预设"的值为"自定义","宽度"设为"400px","高度"设为"400px",如图 11-29 所示。单击"确定"按钮。

图11-29 对"1.jpg合成1"进行合成设置

2) 依照 1) 的方法,分别对图层"2.jpg"～图层"6.jpg",进行预合成并设置参数。预合成设置完成后,时间线窗口如图 11-30 所示。并且每个图层上的图形大小都变成了 400 像素×400 像素,合成窗口如图 11-31 所示。

图11-30 预合成之后的时间线窗口

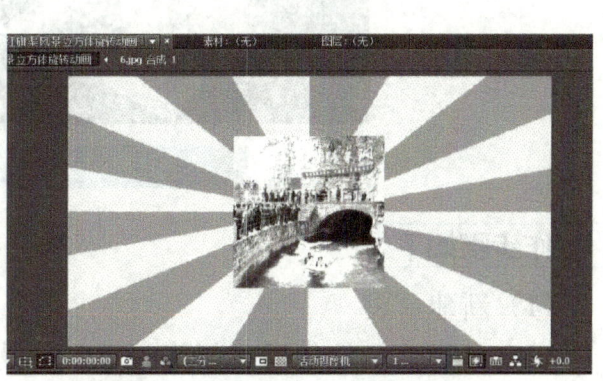

图11-31 合成窗口

(4) 对每个图层开启三维模式

按 <Ctrl> 键，分别选中"1.jpg 合成 1"~"6.jpg 合成 1"，单击三维模式按钮，开启三维模式。

(5) 依照前面"1. 素材图片为 6 张 400 像素 ×400 像素的正方形，制作立方体旋转动画"的第（4）步~第（8）步的方法，完成在素材图片大小不一致的情况下，制作立方体旋转动画的效果。

(6) 制作完成后的时间线窗口及合成窗口如图 11-32 和图 11-33 所示。

图11-32　时间线窗口

图11-33　合成窗口

项目拓展

《立体相册》—— 三维图层的应用

本项目利用三维图层合成功能制作立体相册翻页效果，利用空对象完成整体角度的旋转，其制作效果如图 11-34 所示。

图11-34　《立体相册》制作效果

制作步骤如下

（1）新建合成

启动 AE CC 软件后，创建一个"预设"为 PAL/DV 的合成，在"合成设置"对话框中将"合成名称"命名为"Comp1"，"持续时间"为 5 秒，设置合成参数，如图 11-35 所示。

(2) 导入素材

在"项目"窗口中双击,在弹出的"导入文件"对话框中,分别选择要导入的素材,然后单击"打开"按钮,即可导入素材,并将素材添加到"时间线"窗口中,调整图层排列顺序,如图11-36所示。

图11-35 设置合成参数　　　　　图11-36 图层排序

(3) 开启三维图层

按<Ctrl>键,分别单击选中5个图层,开启三维模式按钮,开启三维模式时,可以直接单击"三维开关"按钮,如果时间线上未出现三维开关,可单击"时间线"窗口下方的"切换开关/模式"按钮。

(4) 在时间线上编辑素材

1) 调整5个图层的轴心点:选中所有图层,按<P>键显示"位置"属性,再按<Shift+A>组合键,显示"锚点"属性,修改"锚点"的Y轴数值为0,再将"位置"的Y轴修改为306,如图11-37所示。

2) 创建图层"封面"的关键帧动画:选择"封面"图层,按<R>键展开"旋转"属性,将时间指针移动到"00:00:00:00"处,即"封面"图层的入点,启动"X轴旋转"关键帧,再将时间指针移动到"00:00:00:10"处,修改"X轴旋转"数值为"0×-129",如图11-38所示。

图11-37 设置所有图层的属性值

3）创建图层"1.jpg"的关键帧动画：选择图片 1 所在的图层，按 <R> 键展开"旋转"属性，将时间指针移动到"00:00:00:15"帧，即"1.jpg"图层的入点，启动"X 轴旋转"关键帧，再将时间指针移动到"00:00:01:00"帧处，修改"X 轴旋转"数值为"0×-128"，如图 11-39 所示。

图11-38 "封面"图层关键帧动画

图11-39 "1.jpg"图层关键帧动画

4）依照上面步骤 2）、3）的方法，分别创建图片 2、图片 3 图层的关键帧动画，如图 11-40 和图 11-41 所示。"封底"图层不做动画。

图11-40 "2.jpg"图层关键帧动画

图11-41 "3.jpg"图层关键帧动画

（5）建立空对象图层，设置参数

1）执行"图层"→"新建"→"空对象"命令，建立空对象图层。

2）选中"封面""1.jpg""2.jpg""3.jpg""封底"5 个图层，在其中任何一个图层的

"父级"属性下单击,在下拉菜单中选择"空1"图层,把所有图层链接到空对象图层上,如图11-42所示。

图11-42 为空对象设置父子关系

3)将时间线上的位置标尺移动至起始点,选择"空1"图层,打开其三维模式属性。调整"位置"数值为(379,370,0),"X轴旋转"数值为"0×-51","Y轴旋转"数值为"0×-3","Z轴旋转"数值为"0×-37",如图11-43所示,使相册在视图中有一定透视角度,调整后效果如图11-44所示。

图11-43 "空1"图层的旋转参数设置

图11-44 调整后效果图

4)将时间线指针移动到"00:00:00:00"帧处,开启"Z轴旋转"属性前的"钟表"按钮,启动关键帧,将时间线指针移动到"00:00:02:05"帧处,微调"Z轴旋转"的数值为"0× -29",时间线如图11-45所示。调整后效果如图11-46所示。

图11-45 设置空对象关键帧动画

（6）预览效果

动画制作完成，单击"预览"面板中的"播放" 按钮，进行效果预览。发现时间指针从 3 秒之后是无动画的，将工作区的右端滑块 拖到 4 秒位置，再按数字小键盘 <0> 键进行预览测试。

（7）渲染输出

若对效果感到满意时，可以执行"合成"→"添加到渲染队列"命令，在"渲染队列"面板中单击"输出到："右侧的文件名，在弹出的"将影片输出到："对话框中设置影片名称和保存位置，单击"保存"

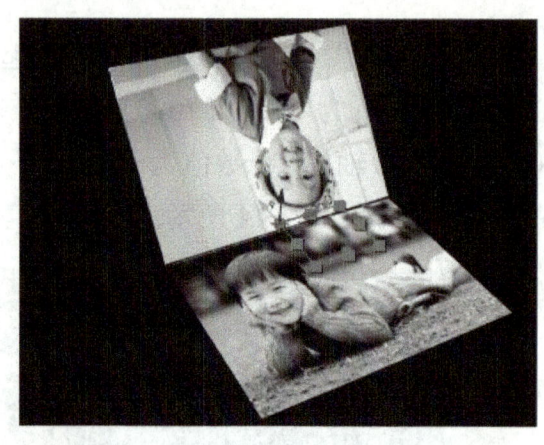

图11-46 调整后效果图

按钮；单击左下角"输出模块"右侧的"无损"按钮，在弹出的"输出模块设置"对话框中单击"格式"右侧的下拉按钮，设置视频的输出格式为 FLV 格式，单击"确定"按钮退出对话框，单击"渲染"按钮进行渲染。

（8）保存项目文件

执行"文件"→"整理工程（文件）"→"收集文件"命令，完成项目文件的保存工作。

项目 12　摄像机动画

学习目标

1）掌握添加摄像机的方法。
2）掌握摄像机控制工具的使用方法。
3）能利用摄像机关键帧建立摄像机动画。

知识准备

1．建立摄像机的方法

执行"图层"→"新建"→"摄像机"命令，在弹出的"摄像机设置"对话框中，可以设置摄像机的名称、预置、视角、缩放、焦距等，如图12-1所示。单击"确定"按钮即可在场景中建立摄像机。

1）类型：摄像机的类型。一般选择"双节点摄像机"。

2）预置：预置的摄像机镜头规格。

3）缩放：镜头到拍摄物体的距离。

4）视角：视野角度。

5）焦距：摄像机的焦点长度。

图12-1 "摄像机设置"对话框

2．三维环境中常用的几种镜头类型

1）15mm：广角镜头，具有极大的视野范围，会看到更广阔的空间。

2）200mm：鱼眼镜头，视野范围极小，从这个视角只能观察到极小的空间，它几乎不会产生透视变形。

3）35mm：标准镜头，类似于人眼的视角，它的视野范围与人眼的视野范围最为相似。

3．摄像机属性

1）摄像机具有目标点、位置等属性。通过调节这些属性，用户可以设置摄像机的浏览动画。

2）目标点参数确定镜头的观察方向。目标点与位置的连线方向为视线方向。

3）位置参数确定摄像机在三维空间中的方位。调整该参数，可以移动摄像机位置。

4．摄像机视图控制工具

当添加摄像机后，可以单击"工具"面板上的"摄像机视图控制工具"来调整摄像机的方位，如图12-2所示。就像使用者处在摄像师的位置一样，直接在取景器观察结果，完成对摄像机的操作，在操作时，一定要切换到相应的摄像机视图。

图12-2　摄像机视图控制工具

1）统一摄像机工具：进入摄像机视图，选择该工具。按住鼠标左键可以旋转摄像机视图。按住鼠标中键（滑轮）可以移动摄像机视图。按住鼠标右键，可以沿Z轴推拉摄像机视图。

2）轨道摄像机工具：进入摄像机视图，选择该工具，在"合成"窗口中左右或上下拖动鼠标，可以水平或垂直旋转摄像机视图。

3）跟踪XY摄像机工具：进入摄像机视图，选择该工具，可以移动摄像机视图。

4）跟踪Z摄像机工具：进入摄像机视图，选择该工具，可以沿Z轴拉远或推进摄像机视图。

项目实施

《国画展示》——摄像机动画

本项目利用摄像机的景深控制画面的清晰与模糊，从而利用摄像机视图控制工具制作画面随音乐而动的动画，其制作效果，如图12-3所示。

   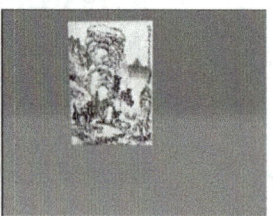

图12-3　《国画展示》制作效果

制作步骤如下

（1）创建合成

启动AE CC软件后，创建一个"预设"为PAL/DV的合成，"合成名称"为"国画展示"，合成的尺寸设置为"720像素×576像素"，"像素长宽比"为"方形像素"，"帧速率"为"25帧/秒"，"持续时间"为5秒，"背景颜色"为"浅灰色"，如图12-4所示。

（2）导入素材

在"项目"窗口中双击，在弹出的"导入文件"对话框中，选择要导入的素材"1.jpg"～"4.jpg"，然后单击"打开"按钮，即可导入素材，并将素材添加到"时间线"窗口中，调整图层排列顺序，如图12-5所示。

第 5 单元　三维合成

图12-4 "合成设置"对话框

图12-5 时间线上图层排列顺序

(3) 添加新图层

1) 在时间线上的空白处右击，在弹出的菜单中执行"新建"→"纯色"命令，在打开的"纯色设置"对话框中设置"名称"为"地面"，"大小"为"3000像素×3000像素"，"颜色"为"深灰色（R：166，G：158，B：158）"，单击"确定"按钮，建立一个深灰色纯色层作为地面，如图12-6所示。

2) 将纯色层拖到时间线底层，转换为3D图层，展开图层属性，设置"X轴旋转"为90，作为地面，如图12-7所示。

图12-6 新建"纯色层"参数设置

图12-7 设置纯色层属性

3）将时间线上的其他 4 个图层转换为 3D 图层，在"合成"窗口中单击底部 活动摄像机 按钮切换到"正面"视图中，将纯色图层在 Y 轴方向下调到其他 4 张图片的底部，作为地面，如图 12-8 所示。

4）切换到"顶部"视图中，将 4 个图片调整前后位置分开排列，"图层 4"排在最前面，"图层 1"排到最后面，如图 12-9 所示。

图12-8　调整地面的位置

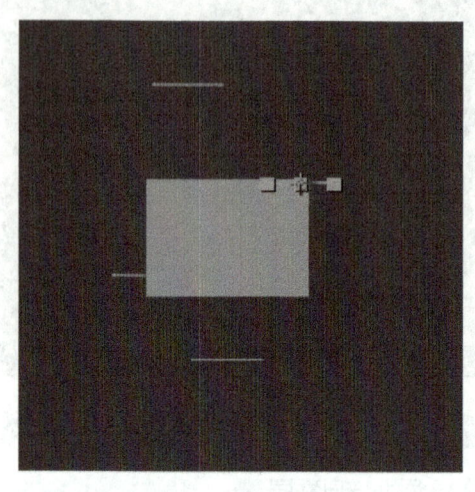

图12-9　"顶部"视图图片排列位置

（4）添加摄像机图层

切换回到"活动摄像机"视图，执行"图层"→"新建"→"摄像机"命令，建立摄像机图层。将摄像机命名为"摄像机 1"，单击"工具"面板中的"统一摄像机工具"按钮，分别按住鼠标的左、中、右键拖动，调整摄像机视图的角度，效果如图 12-10 所示。

图12-10　调整摄像机视角后的效果

（5）在时间线上编辑素材

1）在"项目"窗口中将素材"音效 .wma"拖到时间线的底层，展开图层属性显示出音频波纹，对音乐进行测试，观察音乐旋律的转折点所处的波形位置，在时间线右侧拖动标记按钮到转折处，为时间线添加标记，再为其他转折处添加标记，如图 12-11 所示。

图12-11 在时间线添加标记

2)展开摄像机图层属性,在摄像机选项下,设置景深为"开",启动景深功能,调整焦距数值,在"顶部"视图会观察到焦距框线位置贴近最前面第1张图片,如图12-12所示。

3)切换回到"活动摄像机"视图,在图层属性中调整"光圈"和"模糊层次"数值,使得处于后面的图片模糊,如图12-13所示。

图12-12 在"顶部"视图调整焦距数值

图12-13 设置光圈和模糊层次参数调整模糊效果

4)移动指针到"00:00:00:00"帧处,启动摄像机的目标点、位置和焦距关键帧。

5)将时间线指针移动到第1个音乐转折标记点处,单击"工具"面板中的"统一摄像机工具",分别按住鼠标的左、中、右键进行拖动,调整摄像机的位置,使得第2张图片处于最大化显示。在图层属性中调整焦距数值,在"顶部"视图观察,使得焦距框线位置贴近第2张图片,如图12-14所示,使得第2张图片画面清晰,如图12-15所示。调整后的时间线,如图12-16所示。

6)将时间线指针移动到第2个音乐转折标记点处,单击"工具"面板中的"统一摄像机工具",分别按住鼠标的左、中、右键进行拖动,调整摄像机的位置,使得第3张图片处于最大化显示。在图层属性中调整焦距数值,在顶部视图观察,使得焦距框线位置贴近第3张图片,如图12-17所示,使得第3张图片画面清晰,如图12-18所示。调整后的时间线,如图12-19所示。

图12-14 在"顶部"视图调整焦距数值

图12-15 调整后的视觉效果

图12-16 调整后的时间线上关键帧设置

图12-17 在顶部视图调整焦距数值

图12-18 调整后的视觉效果

图12-19 调整后的时间线上关键帧设置

7）将时间线指针移动到第3个音乐转折标记点处，单击"工具"面板中的"统一摄像机工具"，分别按住鼠标的左、中、右键进行拖动，调整摄像机的位置，使得第4张图片处于最大化显示。在图层属性中调整焦距数值，在顶部视图观察，使得焦距框线位置贴近第4张图片，如图12-20所示，使得第4张图片画面清晰，如图12-21所示。调整后的时间线，如图12-22所示。

图12-20 在"顶部"视图调整焦距数值

图12-21 调整后的视觉效果

图12-22 调整后时间线上关键帧的设置

8）动画制作完成，预览效果，会发现摄像机随着音乐匀速移动到不同的图片上，景深也在同步发生变化。这样的动画节奏感不是很好。可以在转折点附近添加摄像机的"位置"关键帧，调整画面的位置，让画面的移动速度时快时慢，富有节奏感，如图12-23所示。

图12-23 在时间线上添加"位置"关键帧

（6）渲染输出

若对预览效果感到满意时，可以执行"合成"→"添加到渲染队列"命令，在"渲染队列"面板中单击"输出到："右侧的文件名，在弹出的"将影片输出到："对话框中设置影片名称和保存位置，单击"保存"按钮；单击左下角"输出模块"右侧的"无损"按钮，在弹出的"输出模块设置"对话框中单击"格式"右侧的下拉按钮，设置视频的输出格式为FLV格式，单击"确定"按钮退出对话框，单击"渲染"按钮进行渲染。

（7）保存项目文件

执行"文件"→"整理工程（文件）"→"收集文件"命令，完成项目文件的保存工作。

项目拓展

《空间文字》——摄像机动画应用

本项目通过制作摄像机动画营造出镜头运动的画面，实现三维空间中的视觉效果，其制作效果，如图12-24所示。

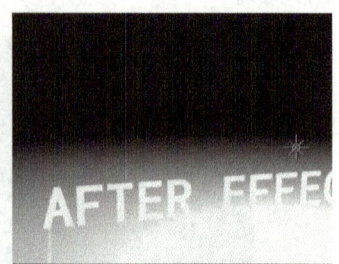

图12-24 《空间文字》制作效果

制作步骤如下

（1）新建合成

启动AE CC软件后，创建一个"预设"为PAL/DV的合成，"合成名称"为"空间文字"，合成的尺寸设置为"720像素×576像素"，"像素长宽比"为"方形像素"，"帧速率"为"25帧/秒"，"持续时间"为5秒，如图12-25所示。

（2）添加文字图层

1）选择"工具"面板中的"文本工具"，在"合成"窗口中输入文字"AFTER EFFECTS"。在"字符"面板中设置文字的颜色为"白色"。其他参数设置，如图12-26所示。并用"工具"面板中"轴心点工具"将文字的中心点移到文字中心处，如图12-27所示。

图12-25 "合成设置"对话框

2）选中"AFTER EFFECTS"层，按3次<Ctrl+D>组合键，复制出3个文字层。

（3）设置文字图层参数

1）选中所有文字图层，开启三维模式按钮，开启三维模式时，可以直接单击"三维开关"按钮，如图12-28所示。

2）在"合成"窗口中设置视图个数为4个，并将监视窗口右下角的视图设置为"用户自定义视图"，效果如图12-29所示。

3）选中"AFTER EFFECTS"层，展开"变换"属性，或按<R>键激活图层的旋转参数，将"Y轴旋转"参数设置为90，按<P>键激活图层的位置参数，将其第1项X轴参数设置为660，如图12-30所示。调整后合成画面，如图12-31所示。

第 5 单元　三维合成

图12-26　"字符"面板参数设置

图12-27　字符中心点设置　　　　图12-28　开启三维图层模式

图12-29　设置视图模式

图12-30　调整"AFTER EFFECTS"层参数

图12-31 调整参数后的效果

4)选中"AFTER EFFECTS2"层,展开"变换"属性,或按<R>键激活图层的旋转参数,将"Y轴旋转"参数设置为-90,按<P>键激活图层的位置参数,将其第1项X轴参数设置为50,如图12-32所示。调整后合成画面,如图12-33所示。

图12-32 调整"AFTER EFFECTS2"层参数

图12-33 调整参数后的效果

5）选中"AFTER EFFECTS3"层，展开"变换"属性，或按<P>键激活图层的位置参数，将其第 3 项 Z 轴参数设置为 300，如图 12-34 所示。调整后合成画面，如图 12-35 所示。

图12-34　调整"AFTER EFFECTS3"层参数

图12-35　调整参数后的效果

6）选中"AFTER EFFECTS4"层，展开"变换"属性，或按<R>键激活图层的旋转参数，将"Y 轴旋转"参数设置为 180，按<P>键激活图层的位置参数，将其第 3 项 Z 轴参数设置为 –310，如图 12-36 所示。调整后合成画面，如图 12-37 所示。

图12-36　调整"AFTER EFFECTS4"层参数

图12-37 调整参数后的效果

（4）添加纯色层

1）在时间线上的空白处单击，在弹出的菜单中选择"新建"→"纯色"命令，在弹出的"纯色设置"对话框中设置"名称"为"背景"，"大小"为"3000像素×3000像素"，"颜色"为"白色"，如图12-38所示。单击"确定"按钮，建立一个白色纯色层作为背景。

2）选中"背景"层，执行"效果"→"生成"→"梯度渐变"命令，为图层添加特效，并设置"起始颜色"为"白色"，"结束颜色"为"黑色"，其他参数设置，如图12-39所示。添加特效后效果，如图12-40所示。

图12-38 新建纯色层

图12-39 "梯度渐变"特效面板设置

图12-40 添加特效后的效果

3）用鼠标选中"背景"图层，开启三维模式按钮，开启三维模式时，可以直接单击"三维开关"按钮。在时间线上将其移动到最底层，并展开"变换"属性，或按<R>键激活图层的旋转参数，将"X轴旋转"参数设置为90，按<P>键激活图层的位置参数，将其第

1项X轴参数设置为360，如图12-41所示。调整后合成画面，如图12-42所示。

图12-41　调整"背景"层参数

图12-42　调整参数后的效果

(5) 添加灯光图层

1) 执行"图层"→"新建"→"灯光"命令，在弹出的"灯光设置"对话框中，设置"灯光类型"为"环境"，"强度"为100%，灯光"颜色"为"黄色（R：252，G：255，B：0）"，参数设置，如图12-43所示。添加"环境"光后的效果，如图12-44所示。

图12-43　"灯光设置"对话框

图12-44　添加"环境"光后的效果

2) 选中"AFTER EFFECTS"层，展开"材质选项"属性，设置"投影"选项的值为"开"，打开投影开关。其他文字图层也做同样的设置，如图12-45所示。

3) 执行"图层"→"新建"→"灯光"命令，在弹出的"灯光设置"对话框中，设置"灯光类型"为"点"，"强度"为100%，灯光"颜色"为"黄色（R：252，G：255，B：0）"，参数设置，如图12-46所示。

图12-45 打开"投影"开关

图12-46 "灯光设置"对话框

4)选中"灯光2"层,展开"变换"属性,或按<P>键激活图层的位置参数,设置"位置"数值为(277.2,202.0,-266.7),展开"灯光选项"属性,设置"投影"选项的值为"开",打开投影开关,如图12-47所示。调整参数后的效果如图12-48所示。

图12-47 设置"灯光2"参数

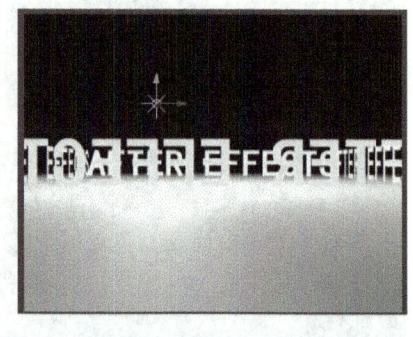

图12-48 调整参数后的效果

(6)添加摄像机图层

执行"图层"→"新建"→"摄像机"命令,建立摄像机图层,在"摄像机设置"对话框调整摄像机参数,如图12-49所示。

(7)制作摄像机动画

1)选中摄像机图层,将时间指针移到"00:00:00:00"帧处,展开摄像机图层的变换属性,启动"目标点"和"位置"关键帧,调整"目标点"的数值为(290.8,695.1,437.5),调整"位置"的数值为(886.4,-49.2,13.0),如图12-50所示。

2)将时间指针移到"00:00:02:14"帧处,调整"目标点"的数值为(363.0,320.3,-490.9),调整"位置"的数值为(608.9,-213.0,394.8),如图12-51所示。

第5单元 三维合成

图12-49 摄像机的相关参数设置

图12-50 为摄像机参数设置关键帧

图12-51 在"00:00:02:14"帧调整摄像机参数

3）将时间指针移到"00:00:04:01"帧处，调整"目标点"的数值为（380.8，242.5，−651.9），调整"位置"的数值为（648.9，75.7，362.1），如图12-52所示。

图12-52 在"00:00:04:01"帧调整摄像机参数

(8) 预览效果

关键帧设置完成后，单击"预览"面板中的"播放" ▶ 按钮，进行效果预览。

(9) 渲染输出

若对效果感到满意时，可以执行"合成"→"添加到渲染队列"命令，在"渲染队列"面板中单击"输出到："右侧的文件名，在弹出的"将影片输出到："对话框中设置影片名称和保存位置，单击"保存"按钮；单击左下角"输出模块："右侧的"无损"按钮，在弹出的"输出模块设置"对话框中单击"格式"右侧的下拉按钮，设置视频的输出格式为FLV格式，单击"确定"按钮退出对话框，单击"渲染"按钮进行渲染。

(10) 保存项目文件

执行"文件"→"整理工程（文件）"→"收集文件"命令，完成项目文件的保存工作。

项目 13　三维灯光应用

学习目标

1）掌握灯光的添加方法。
2）掌握灯光的参数设置方法。
3）能利用灯光设置烘托画面。

知识准备

1. 建立灯光的方法

执行"图层"→"新建"→"灯光"命令，在弹出的对话框中，可以设置照明的类型、颜色、强度、锥形角度、是否投影等，如图13-1所示。单击"确定"按钮即可在场景中建立灯光。

2. 三维环境中的几种常用灯光类型

1）平行：平行光，从一个点发射一束光线照向目标点。
2）聚光：聚光灯，从一个点向前方以圆锥形发射光线。
3）点：点光源，从一个点向四周发射光线。
4）环境：环境光，没有光线发射点。

3. 灯光参数

灯光类型不同，参数也不同。

图13-1　"照明设置"对话框

1）强度：数值越大，场景越亮。

2）锥形角度：当灯光为聚光灯时，该参数激活。角度越大，光照范围越广。

3）锥形羽化：该参数仅对聚光灯有效，可以为聚光灯照射区域设置一个柔和边缘。该数值为0时，光圈边缘界限分明，比较僵硬。数值越大则边缘越柔和，由受光面向暗面过渡柔和。

4）颜色：灯光颜色。

5）投影：赋予投影。选择该选项，灯光会在场景中产生投影。需要注意的是，打开灯光的投影属性后，还需要在层的"材质选项"属性中对其投影参数进行设置。

6）阴影深度：该选项控制投影的颜色深度。当数值较小时，产生颜色较浅的投影。较大的数值产生颜色较深的投影。

7）阴影扩散：该选项可以根据层与层之间的距离产生柔和的漫反射投影。较低的值产生的投影边缘僵硬，较高的值产生的投影边缘较软。

4．层的材质属性

当用户在场景中设置灯光后，场景中的层如何接受灯光照明，如何进行投影将由层的材质属性控制。合成中的每一个3D层都具有其材质属性。在时间线中展开3D层的材质选项，如图13-2所示。

图13-2 层的材质选项

1）投影：该选项决定了当前层是否产生投影。关闭该选项（关），则当前层不产生投影。

2）接受阴影：该选项决定当前层是否接受投影。

3）接受灯光：该选项决定当前层是否接受场景中的灯光影响。

4）环境：该选项控制当前层受环境光的影响程度。该程度为100%时，受环境光的影响；为0时则不受环境光的影响。

5）漫射：该参数控制层接受灯光的发射级别，决定层的表面将有多少光线覆盖。参数越高，则接受灯光的发射级别越高，对象显得越亮。

6）镜面强度：该参数控制对象的镜面反射级别，当灯光照射到镜面上时，镜子会产生一个高光点。镜子越光，高光点越明显。数值越大，反射级别越高。

7）镜面反光度：该参数控制高光点的大小光泽度。该参数仅当Specular不为0时有效。数值越高，则高光越集中。数值越小，高光范围越大。

8）金属质感：该参数体现对象的金属质感。数值越高，质感越强。

项目实施

《摩托秀》——三维灯光应用

本项目通过添加三维灯光系统，通过参数设置制作不同的灯光控制效果。项目制作效果，如图13-3所示。

> **制作步骤如下**

（1）创建合成

启动 AE CC 软件后，创建一个"预设"为 PAL/DV 的合成，"合成名称"为"摩托秀"，合成的尺寸设置为"720 像素×576 像素"，"像素长宽比"为"方形像素"，"帧速率"为"25 帧/秒"，"持续时间"为 5 秒，如图 13-4 所示。

图13-3 《摩托秀》制作效果

（2）导入素材

在"项目"窗口中双击，在弹出的"导入文件"对话框中，选择要导入的素材"背景 .jpg"和"摩托车 .jpg"，然后单击"打开"按钮，即可导入素材，并将素材添加到"时间线"窗口中，调整图层排列顺序，摩托车在上层。

（3）建立纯色图层

1）在时间线上的空白处单击，在弹出的菜单中，执行"新建"→"纯色"命令，在弹出的"纯色设置"对话框中设置"名称"为"地面"，"大小"为 1024 像素×576 像素，颜色为深灰色，如图 13-5 所示。单击"确定"按钮，建立一个深灰色纯色层作为地面。

图13-4 "摩托秀"的"合成设置"对话框

图13-5 "纯色设置"对话框

2）将时间线的 3 个图层分别转换为 3D 图层，选中"地面"层，拖至最下层。展开图层属性，设置"X 轴旋转"为 90，变为水平地面。设置"缩放"数值为 300%，让地面变得更大些。将"合成"窗口设置为顶部视图，调整背景和摩托车的前后位置，摩托车在背景的前方。将"合成"窗口设置为正面视图，调整背景和摩托车的高度，使其落在地面上。

(4) 添加摄像机图层

执行"图层"→"新建"→"摄像机"命令，建立摄像机图层。将摄像机命名为"摄像机1"，将"合成"窗口设为摄像机1视图，单击"工具"面板中的"统一摄像机工具"按钮，调整摄像机视图的角度，效果如图13-6所示。

(5) 添加灯光图层

执行"图层"→"新建"→"灯光"命令，在弹出的"灯光设置"对话框中，设置"灯光类型"为"聚光"，"强度"为134%，"锥形角度"为120°，"锥形羽化"为50%，灯光"颜色"为"白色"，勾选"投影"复选框，"阴影深度"为73%，"阴影扩散"为49px，如图13-7所示。单击"确定"按钮，即可在场景中建立灯光。

图13-6　调整摄像机视角

图13-7　灯光参数设置

(6) 在时间线上编辑素材

1) 将"合成"窗口设置为左侧视图，调整灯光的位置，如图13-8所示。

2) 将"合成"窗口设置为"正面"视图，调整灯光的位置，如图13-9所示。

图13-8　左侧视图中的灯光位置

图13-9　正面视图中的灯光位置

3) 在时间线上展开"摩托车"图层和"背景"图层的"材质选项"属性，将"投影"

参数设置为"开",此时将会看到这两个图层在地面的投影,如图13-10所示。

图13-10 设置灯光的材质选项

4)展开摄像机图层的变换属性,将指针移到"00:00:00:00"帧处,启动"目标点"和"位置"关键帧。将"合成"窗口切换到"摄像机1视图",单击"工具"面板中的"统一摄像机工具"按钮,将镜头拉远,如图13-11所示。

5)不断后移时间线指针,调整镜头逐渐向前推进,并摇动到展台的左侧,如图13-12所示,这样就制作了镜头不断推进摇动的摄像机动画。

图13-11 制作摄像机位置动画　　图13-12 摄像机动画的结束位置

6)动画制作完成,预览效果。单击"预览"面板中的"播放"按钮进行预览。

(7)渲染输出

若对预览效果感到满意时,可以执行"合成"→"添加到渲染队列"命令,在"渲染队列"面板中单击"输出到:"右侧的文件名,在弹出的"将影片输出到:"对话框中设置影片名称和保存位置,单击"保存"按钮,单击左下角"输出模块:"右侧的"无损"按钮,在弹出的"输出模块设置"对话框中单击"格式"右侧的下拉按钮,设置视频的输出格式为FLV格式,单击"确定"按钮退出对话框,单击"渲染"按钮进行渲染。

(8)保存项目文件

执行"文件"→"整理工程(文件)"→"收集文件"命令,完成项目文件的保存工作。

项目拓展

《金光大道》—— 三维灯光应用

本项目通过对摄像机属性设置控制摄像机位置，为摄像机制作动画，营造出镜头运动的画面效果，为了增强画面的表现力，本项目使用灯光效果增加画面层次感，用发光特效制作出流光效果，其制作效果，如图13-13所示。

图13-13 《金光大道》制作效果

制作步骤如下

（1）新建合成

启动AE CC软件后，创建一个"预设"为PAL/DV的合成，"合成名称"为"金光大道"，合成的尺寸设置为"360像素×288像素"，"像素长宽比"为"方形像素"，"帧速率"为"25帧/秒"，"持续时间"为5秒，如图13-14所示。

（2）导入素材

在"项目"窗口中双击，在弹出的"导入文件"对话框中，选择要导入的素材"大道.jpg"，然后单击"打开"按钮，即可导入素材，并将素材添加到"时间线"面板中。

（3）开启三维图层

选中该图层，开启三维模式按钮，开启三维模式时，可以直接单击"三维开关"按钮，如图13-15所示。

图13-14 设置合成参数

图13-15 "时间线"窗口中的"大道"层

(4) 添加摄像机图层

执行"图层"→"新建"→"摄像机"命令，建立摄像机图层，在"摄像机设置"对话框中调整摄像机参数，如图 13-16 所示。

图13-16　摄像机的相关参数设置

(5) 在时间线上编辑素材

1) 将时间指针移到"00:00:00:00"帧处，展开摄像机图层的变换属性，启动"目标点"和"位置"关键帧，调整"目标点"的数值为（176，177，0），调整"位置"的数值为（176，502，-146），如图 13-17 所示。

图13-17　为摄像机参数设置关键帧

2) 将时间指针移到"00:00:05:00"帧处，展开摄像机图层的变换属性，调整"目标点"的数值为（176，-189，0），调整"位置"的数值为（176，250，-146），如图 13-18 所示。

图13-18　在结尾帧处调整摄像机参数

3)拖动时间线上的位置标尺,预览页面。由于摄像机的作用,图像产生推近的效果,如图13-19所示。

图13-19 "合成"窗口中镜头推近的效果

(6)添加灯光图层

1)执行"图层"→"新建"→"灯光"命令,在弹出的"灯光设置"对话框中,设置"灯光类型"为"点","强度"为120%,灯光"颜色"为"白色",参数设置如图13-20所示。

2)在"时间线"窗口中展开灯光属性,设置"位置"数值为(180,58,-242),如图13-21所示。

3)此时从"合成"窗口中可以看到添加灯光后的图像效果已经产生了很好的层次感,"合成"窗口的效果,如图13-22所示。

图13-21 设置灯光"位置"参数

图13-20 "灯光设置"对话框

图13-22 调整灯光参数后合成图像效果

(7)添加光特效

1)执行"合成"→"新建合成"命令,打开"合成设置"对话框,设置"合成名称"为"光特效",合成的尺寸设置为"360像素×288像素","像素长宽比"为"方形像素","帧速率"为"25帧/秒","持续时间"为5秒,如图13-23所示。

2)在窗口中选择"金光大道"合成,将其添加到"光特效"的"时间线"窗口中,如图13-24所示。

3)在特效面板中展开Trapcode特效前的三角,双击发光特效命令Shine,如图13-25所示,将特效应用到"金光大道"层。

4)在特效控制面板中设置发光特效的参数。设置"光线长度"值为6,"光增益|提升"值为2。展开"颜色设置"的参数:"高光"为"白色","中间光"为"浅绿色(R:136,G:255,B:135)","暗光"为"深绿色(R:0,G:114,B:0)"。设置"改变模式"为"加"。设置"原始坐标XY"值为"176,265",并为该项设置关键帧,如图13-26所示。此时从"合成"窗口中可以看到添加发光效后的效果,如图13-27所示。

图13-23 "光特效"合成的相关参数设置

图13-24 "光特效"的时间线面板

图13-25 发光特效面板

图13-26 发光特效设置参数

图13-27 添加发光特效后的效果

5）将时间指针移到"00：00：05：00"帧处，在发光特效面板中，修改"原始坐标 XY"的值为"176，179"，此时"合成"窗口中的效果，如图 13-28 所示。

（8）预览效果

关键帧设置完成后，单击"预览"面板中的"播放" ▶ 按钮，进行效果预览，"合成"窗口中效果，如图 13-29 所示。

图13-28 修改原始坐标参数后的合成效果

图13-29 金光大道最终效果

（9）渲染输出

若对效果感到满意时，可以执行"合成"→"添加到渲染队列"命令，在"渲染队列"面板中单击"输出到："右侧的文件名，在弹出的"将影片输出到："对话框中设置影片名称和保存位置，单击"保存"按钮；单击左下角"输出模块："右侧的"无损"按钮，在弹出的"输出模块设置"对话框中单击"格式"右侧的下拉按钮，设置视频的输出格式为 FLV 格式，单击"确定"按钮退出对话框，单击"渲染"按钮进行渲染。

（10）保存项目文件

执行"文件"→"整理工程（文件）"→"收集文件"命令，完成项目文件的保存工作。

第6单元

抠像

项目14 抠像技术

学习目标

1）掌握抠像技术的意义及作用。
2）掌握不同抠像技术的特点及设置方法。
3）依据素材的特点选择适当的抠像方法实现素材的叠加、透明合成效果。

知识准备

1. 抠像

在影视合成中，会看到演员在云层、悬崖等环境中进行表演，事实上这些镜头很多都是在摄影棚中的蓝色背景或绿色背景中拍摄后再合成到其他背景中的，这就是"抠像"，抠像就是将图层中的某些区域变成透明或半透明，再叠加到背景上，实现这一效果是利用了 AE CC 的键控特效技术。

2. 颜色键

"颜色键"特效是通过指定一种颜色，将图像中的所有与其近似的像素去除。"颜色键"特效是一种最基本的抠像特效，当背景比较复杂时，使用"颜色键"抠像效果不是特别好。"颜色键"特效参数设置，如图14-1所示。

图14-1 "颜色键"特效参数设置

1）主色：指定需要透明的颜色。

2）颜色容差：控制与键出颜色的容差度。数值越大，则更多的相近的颜色变得透明。

3）薄化边缘：控制键出区域边界的调整。正值表示边界在透明区域之外，即扩大了透明区域，负值表示减少透明区域。

4）羽化边缘：控制键出区域边界的羽化程度。

3．溢出抑制

由于背景颜色的反射，键出图像的边缘通常都有背景色溢出，用溢出控制功能消除图像边缘残留的颜色。如果该效果不明显，可以用调色工具（如 Hue/Saturation 等）来降低某种颜色的饱和度。"溢出抑制"特效参数设置，如图 14-2 所示。

图14-2 "溢出抑制"特效参数设置

1）要抑制的颜色：指定要抑制的颜色。

2）抑制：设置被抑制的颜色程度，取值范围为 0～200。

4．颜色差值键

通过两个不同的颜色对图像进行键控，从而使一个图像具有两个透明区域。蒙版 A 使得指定键控色之外的其他颜色区域透明，蒙版 B 使得指定的键控颜色区域透明。将两个蒙版透明区域进行组合得到第三个蒙版透明区域，这个新的透明区域就是最终的 Alpha 通道。"颜色差值键"特效参数设置，如图 14-3 所示。

1）：从原始略图中吸取键出色。

2）：从蒙版略图中单击透明区域，透明该区域。

3）：从蒙版略图中单击不透明区域，不透明该区域。

4）视图：指定在"合成"窗口中的显示视图。可显示蒙版或显示键出效果。

图14-3 "颜色差值键"特效参数设置

5）主色：选择键控色。使用"吸管工具"吸取颜色时，可以看到旁边的颜色块中更新显示"吸管工具"指向的颜色。

6）颜色匹配准确度：指定用于键控匹配颜色的类型。

7）A/B 部分：通过滑块对蒙版透明度进行精细调整。黑色滑块可以调节每个蒙版的透明度；白色滑块调节每一个蒙版的不透明度；灰度系数滑块控制透明度值与线性级数的密切程度，值为 1 时，级数是线性的，其他值产生非线性级数。

5．Keylight（1.2）

Keylight（1.2）的抠像功能强大，在处理反射、半透明面积和毛发方面功能非常强大，而且还可以进行调色，Keylight（1.2）特效参数设置，如图14-4所示。

1）View：视图，设置图像在"合成"窗口中的显示方式。它提供了11种显示方式。

2）Unpremultiply Result：非预乘结果，当勾选该复选框时，设置图像为不带Alpha通道显示，反之，为带Alpha通道显示效果。

3）Screen Colour：屏幕颜色，设置需要抠除的颜色。一般在原图像中用"吸管工具"直接选取颜色。

4）Screen Gain：屏幕增益，设置屏幕抠除效果的强弱程度，数值越大，抠除程度越强。

图14-4　Keylight（1.2）特效参数设置

5）Screen Balance：屏幕平衡，设置抠除颜色的平衡程度。数值越大，平衡效果越明显。

6）Despill Bias：反溢出偏差，恢复过多抠除区域的颜色。

7）Alpha Bias：Alpha偏差，恢复过多抠除Alpha部分的颜色。

8）Lock Biases Together：同时锁定偏差，在抠除时设定偏差值。

9）Screen Pre-blur：屏幕预模糊，设置抠除部分边缘的模糊效果。数值越大，模糊效果越明显。

10）Screen Matte：屏幕蒙版，设置抠除区域影像的属性参数。

11）Inside Mask：内侧遮罩，为图像添加并设置抠像内侧的遮罩属性。

12）Outside Mask：外侧遮罩，为图像添加并设置抠像外侧的遮罩属性。该选项与内侧遮罩类似。

13）Foreground Colour Correction：前景色校正，设置蒙版影像的色彩属性。

14）Edge Colour Correction：边缘色校正，主要对抠像边缘进行设置。

15）Source Crops：源裁剪，设置裁剪影像的属性类型以及参数。

6．亮度键

该特效键出与指定明度相似的区域，使其透明。该效果适用于对比度比较强的图像，"亮度键"特效参数设置，如图14-5所示。

1）键控类型：键出与指定亮度相近的像素，有4种键出方式。

① 抠出较亮区域：键出的值大于阈值，把较亮的部分变为透明。

② 抠出较暗区域：键出的值小于阈值，把较暗的部分变为透明。

③ 抠出亮度相似的区域：键出阈值附近的亮度。

④ 抠出亮度不同的区域：键出阈值范围之外的亮度。

2）阈值：指出键出的亮度值。

3）容差：指出键出亮度的宽容度。

4）薄化边缘：控制键出区域边界的调整。

5）羽化边缘：控制键出区域边界的羽化度。

7．差值遮罩

"差值遮罩"是通过一个对比层与源层进行比较，然后将源层中位置及颜色与对比层中相同的像素键出。"差值遮罩"特效参数设置，如图14-6所示。

图14-5 "亮度键"特效参数设置

图14-6 "差值遮罩"特效参数设置

1）视图：指定在"合成"窗口中的显示视图。

2）差值图层：选择对比层，即用于键控比较的静止背景。

3）如果图层大小不同：如果对比层的尺寸与当前层不同，则对其进行相应处理，可使其居中显示或进行拉伸处理。

4）匹配容差：控制透明颜色的容差度，较高的数值产生透明较多。

5）匹配柔和度：用于调节透明区域和不透明区域的柔和度。

6）差值前模糊：通过对比两个层做细微的模糊，清除图像中的杂点，取值范围为0～1000。

8．线性颜色键

通过指定RGB、色相或色度的信息对像素进行键出，也可以使用"线性颜色键"保留前边使用键控变为透明的颜色。例如，键出背景时，对象身上与背景相似的颜色也将被键出，可以应用线性颜色效果，返回对象身上被键出的相似颜色，"线性颜色键"特效参数设置，如图14-7所示。

1）　　：从略图中吸取键控色。

2）　　：增加键控颜色范围。

3）　　：减少键控颜色范围。

4）视图：指定在"合成"窗口中的显示视图。

5）主色：选择键控色。

6）匹配颜色：指定键控色的颜色空间。"使用 RGB"是以红、绿、蓝为基准的键控色；"使用色相"是基于对象发射或反射的颜色为键控色，以标准色轮的位置进行计量；"使用色度"是基于颜色的色调和饱和度。

7）匹配容差：控制透明颜色的容差度，较高的数值产生透明较多。

8）匹配柔和度：用于调节透明区域和不透明区域的柔和度。

9）主要操作：指定键控色是键出还是保留。

9．提取

"提取"是指定一个亮度范围产生透明，键出图像中所有与指定的键出亮度相近的像素。该特效主要用于键出背景与保留对象明暗对比度强烈的素材。"提取"特效参数设置，如图 14-8 所示。

图14-7 "线性颜色键"特效参数设置

图14-8 "提取"特效参数设置

1）直方图：显示层中亮度分布级别以及在每个级别上的像素量。从左至右为图像从最暗到最亮的状态。拖动直方图下方灰色透明控制器，可调节键出像素的范围，被灰色覆盖区域不透明，其他地方透明。

2）通道：用于选择柱状图基于何种通道。

3）黑场：拖动滑块、可以加大或缩小透明范围，使小于黑色点的像素透明。也可拖动透明控制器左上角句柄进行控制。

4）白场：拖动滑块、可以加大或缩小透明范围，使大于白色点的像素透明。也可拖动透明控制器右上角的句柄进行控制。

5）黑色柔和度：用于调节暗色区域柔和度。也可拖动透明控制器左下角的句柄进行控制。

6）白色柔和度：用于调节亮色区域柔和度。也可拖动透明控制器右下角的句柄进行控制。

7）反转：反转透明区域。

10．颜色范围

颜色范围通过对 RGB、YUV、Lab 等不同颜色空间中键出指定的颜色范围，从而使图像具有一个透明区域。通常用于前景与背景的颜色分量相差较大且背景颜色不单一的图像。

"颜色范围"特效参数设置，如图14-9所示。

1) ▨：从蒙版略图中吸取键出色。

2) ▨：增加键控颜色范围。

3) ▨：减少键控颜色范围。

4) 模糊：对边界进行柔和模糊。

5) 色彩空间：指定键控颜色范围的颜色空间。RGB 用于红、绿、蓝通道；YUV 为分量信号，包括一个亮度信号和两个色差信号；Lab 用于亮度复合、绿－红轴和蓝－黄轴。

6) Min/Max：对颜色范围的开始和结束进行精细调整。L、Y、R 滑块控制指定颜色空间的第一个分量；a、U、G 滑块控制指定颜色空间的第二个分量；b、V、B 滑块控制指定颜色空间的第三个分量。拖动 Min 滑块对颜色范围的开始部分进行精细调整。拖动 Max 滑块对颜色范围的结束部分进行精细调整。

图14-9 "颜色范围"特效参数设置

项目实施

《抠像合成》——键控特效应用

本项目通过《抠像合成》制作，针对不同形式的素材，采用不同的抠像技术，掌握 AE CC 的抠像合成方法。项目完成后的效果，如图14-10所示。

图14-10 《抠像合成》的制作效果

制作步骤如下

(1) 应用"颜色键"与"溢出抑制"键控特效

1) 分析素材：分别右击"颜色键素材"文件夹中的素材"草原.mp4"和"雄鹰.mp4"，在"属性"对话框中，发现两个视频素材的大小都为1920×1080；帧速率都是30帧／秒；"雄鹰.mp4"时长为29秒，背景素材"草原.mp4"为7秒。因此，在建立合成的时候，要建立合成的时长为28秒；帧速率为30帧／秒；背景素材要循环4次。

2) 新建合成：启动 AE CC 软件，执行"合成"→"新建合成"命令，在打开的"合成设置"对话框中，将"合成名称"命名为"颜色键与溢出抑制"，"预设"为"自定义"，宽高比为1920×1080，"像素长宽比"为"方形像素"，"持续时间"为28秒，单击"确定"按钮，如图14-11所示。

3）导入素材：执行"文件"→"导入"→"文件"命令，在"导入文件"对话框中选定"颜色键"文件夹中的素材"草原.mp4"和"雄鹰.mp4"，单击"确定"按钮。

4）设置背景素材"草原.mp4"的循环次数：在"项目"窗口中，右击"草原.mp4"素材，在弹出的快捷菜单中，执行"解释素材"→"主要"命令，在打开的对话框中，设置"循环"为4次，如图14-12所示。

5）将"草原.mp4"拖拽到时间线上，将"雄鹰.mp4"素材拖拽到"草原.mp4"的上方。

图14-11 "合成设置"对话框

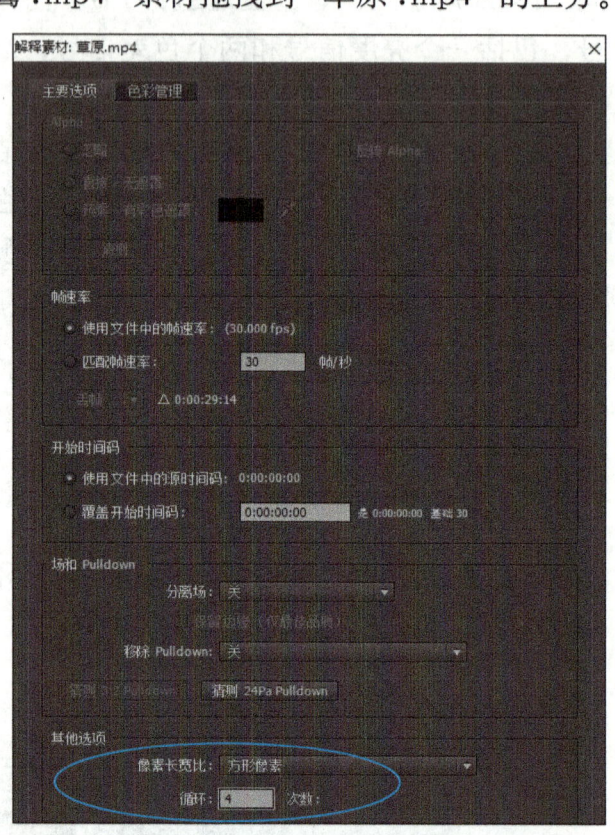

图14-12 "解释素材"对话框

6）在时间线窗口中，选定"草原.mp4"图层，拖动素材的出点，延长到第28秒。

7）选中"雄鹰.mp4"图层，执行"效果"→"键控"→"颜色键"命令，在效果控件面板中，用吸管在"合成"窗口中吸取背景上的绿色，设置"颜色容差"为70，"羽化边缘"为1，可看到绿色背景基本被抠除。

执行"效果"→"键控"→"溢出抑制"命令，在效果控件面板中，单击"要抑制的颜色"的吸管，到"颜色键"特效中"主色"后面的颜色上进行吸附，这样使得溢出抑制的颜色与"颜色键"特效抠除的颜色一致，实现抠像效果。"颜色键"与"溢出抑制"特效设置，如图14-13所示。

图14-13 "颜色键"与"溢出抑制"特效设置

8）此时，观察"合成"窗口，会发现"雄鹰"飞得有点低。在时间线窗口中，展开"雄鹰"图层的"变换"属性，设置"位置"属性中的 y 值为 320，如图 14-14 所示。

图14-14 "合成"窗口

9）单击"预览"面板中的"播放"按钮，预览效果。

（2）应用 Keylight（1.2）键控特效

1）将素材文件夹下 Keylight（1.2）文件夹中的"九寨沟.jpg"和"人物.mp4"素材导入到"项目"窗口中。

2）将"九寨沟.jpg"素材拖拽到"项目"窗口底部的"新建合成"按钮上，新建一个与素材一样大小的合成，执行"合成"→"合成设置"命令，在打开的"合成设置"对话框中，设置"合成名称"为"Keylight（1.2）"，其他参数默认，单击"确定"按钮。

图14-15 确定"人物.mp4"的位置

3）将"人物.mp4"素材拖拽到时间线"九寨沟.jpg"图层的上方，并拖动"合成"窗口中"人物.mp4"的位置，使得置于"合成"窗口的右下角，如图 14-15 所示。

4）选定时间线上的"九寨沟.jpg"图层，将指针移到 3 秒第 3 帧处，按<Alt+]>组合键，进行剪断，使得两个图层的时长相同。

5）选中时间线上的"人物.mp4"图层，执行"效果"→"键控"→"Keylight（1.2）"命令，在效果控件面板中，使用 Screen Colour 右侧的吸管在"合成"窗口中吸取背景上的绿色，背景上的绿色马上被抠除，实现了两个图层合成的效果。"Keylight（1.2）"特效设置，如图 14-16 所示。

图14-16 "Keylight（1.2）"特效设置

6)拖动"时间线"窗口中的"工作区域结尾"滑块 到3秒第3帧处,使得该合成需要渲染的时间为3秒3帧。

7)单击"预览"面板中的"播放"按钮,预览效果。

(3)应用"线性颜色键"键控特效

1)将素材文件夹下"线性颜色键"文件夹导入到"项目"窗口中。

2)将"风景1.jpg"素材拖拽到"项目"窗口底部的"新建合成"按钮上,新建一个与素材一样大小的合成,执行"合成"→"合成设置"命令,在打开的"合成设置"对话框中,设置"合成名称"为"线性颜色键",其他参数默认,单击"确定"按钮。

3)将"鸽子.wmv"素材拖拽到时间线"风景1.jpg"图层的上方,选定"鸽子.wmv"图层,按<Ctrl+Alt+F>组合键,使得"鸽子.wmv"在"合成"窗口中撑满整个合成大小。

4)选定时间线上的"风景1.jpg"图层,将指针移到3秒第4帧处,按<Alt+]>组合键,进行剪断,使得两个图层的时长相同。

5)选中时间线上的"鸽子.wmv"图层,执行"效果"→"键控"→"线性颜色键"命令,在效果控件面板中,使用主色的吸管在"合成"窗口中吸取鸽子背景上的蓝色,如果还有未抠除的蓝色,可以单击"预览"中的中间吸管 在未抠除的地方单击进行进一步抠除,设置"匹配容差"为20%。

执行"效果"→"键控"→"溢出抑制"命令,在效果控件面板中,单击"要抑制的颜色"的颜色吸管,在"线性颜色键"特效中"主色"后面的颜色上进行吸附,这样使得溢出抑制的颜色与"线性颜色键"特效抠除的颜色一致,实现抠像效果。"线性颜色键"特效设置,如图14-17所示。

图14-17 "线性颜色键"特效设置

6)拖动"时间线"窗口中的"工作区域结尾"滑块 到3秒第4帧处,使得该合成需要渲染的时间为3秒4帧。

7)单击"预览"面板中的"播放"按钮,预览效果。

(4) 渲染输出

分别单击选定"时间线"窗口中的"颜色键与溢出控制"合成、"Keylight（1.2）"合成、"线性颜色键"合成，执行"合成"→"添加到渲染队列"命令，在"渲染队列"面板中单击"输出到："右侧的文件名，在弹出的"将影片输出到："对话框中设置影片名称和保存位置，单击"保存"按钮；单击左下角"输出模块："右侧的"无损"按钮，在弹出的"输出模块设置"对话框中单击"格式"右侧的下拉按钮，设置视频的输出格式为FLV格式，单击"确定"按钮退出对话框，单击"渲染"按钮进行渲染。

(5) 保存项目文件

执行"文件"→"整理工程（文件）"→"收集文件"命令，完成项目文件的保存工作。

项目拓展

《荷花》——Roto抠像技术应用

虽然使用蓝背景和绿背景进行拍摄是抠像的一种较好的方案，但是仍有很多情况下不方便使用幕布拍摄，就要使用Roto抠像技术。Roto抠像技术是一种动画制作技术，动画师将实拍影片的运动逐帧地跟踪描绘出来。Roto抠像技术就是为动态影像内容使用逐帧绘制蒙版的方法，将其中需要的部分抠出。

本项目通过使用Roto抠像技术，掌握动态影像在不具备颜色键控条件时，可以使用Roto抠像技术解决去除背景的合成操作。项目完成后的效果，如图14-18所示。

图14-18 《荷花》制作效果

制作步骤如下

1）导入素材：启动AE CC软件，在"项目"窗口中右击，在弹出的快捷菜单中，执行"导入"→"文件"命令，导入项目14中的素材。

2）新建合成：将"项目"窗口中的"荷花.mp4"素材拖拽到"项目"窗口下方的"新建合成"按钮上，创建一个与素材大小一样的合成。

3）在"时间线"窗口中，双击"荷花.mp4"图层，则系统自动打开图层窗口，如图14-19所示。

4）将时间指针移到第0帧处，单击"工具"面板上的"Roto笔刷工具"，按住<Ctrl>键与鼠标左键在图层窗口中拖动来调整笔刷为合适大小，在荷花轮廓的内侧进行绘制，如图14-20所示。

5）当松开鼠标左键后，系统自动检测相似区域建立遮罩，相应地在"效果控件"面板中添加了"Roto笔刷和调整边缘"特效。由于本素材的帧速率不匹配，为了获得Roto笔刷和调整边缘的最佳效果，请将合成设置为50帧/秒以匹配图层源，如图14-21所示。

图14-19 图层窗口

图14-20 Roto笔刷画素材轮廓的内侧

图14-21 提示修改帧速率

注意： 如果素材的帧速率匹配，则不会出现这个提示的。

6）根据提示，将合成设置中的帧速率设为50帧/秒。执行"合成"→"合成设置"命令。在弹出的"合成设置"对话框中，"帧速率"改为"50帧/秒"。修改帧速率之后，图层窗口显示，如图14-22所示。

7）此时在图层视图面板左下方可以看到当前这一帧，即第0帧为Roto遮罩的基础帧，之后默认的有20帧将按基础帧的信息来自动跟踪和计算前景与背景的边缘，这个20帧的范围称为帧范围。在图层面板时间线标尺下面有一段带箭头的区域，如图14-23所示。

8）在图层面板底部将影响区域的右端拖到整个时间线的最右端，使其影响整个合成，如图14-24所示。

第6单元 抠像

图14-22 Roto笔刷建立的遮罩及"Roto笔刷和调整边缘"特效设置

图14-23 Roto遮罩20帧范围

图14-24 调整Roto遮罩影响范围为整个合成

9)此时,可以看到遮罩边缘还有不完全的部分,需要使用"Roto 笔刷工具"进行微调。按住<Ctrl>键和鼠标调小笔刷,在遮罩缺失的部分进行绘制,新绘制的部分作为选区进行添加,如图14-25所示;如果想减少选区,则可以按住<Alt>键并拖拽鼠标可减少选区部分,同时会在新添加笔刷的时间位置建立新的基础帧,用来按新的遮罩进行跟踪。

10)在图层面板中拖动时间线指针,会发现出现绿色线条,表明完成了缓存的范围,如图14-26所示。如果在拖动时间线的过程中,发现有不完整的区域,则可以随时添加新区域(或按住<Alt>键减少区域),然后再

图14-25 添加新的遮罩

拖动时间线,直至拖完时间线长度,反复拖动指针来回观察,确保遮罩的边缘跟踪是正确的。

11)切换到"合成"窗口,会发现荷花的背景变得透明了,如图14-27所示。

图14-26 绿色线条表明完成缓存的范围

图14-27 透明背景

注意：如果切换到"合成"窗口中，不能显示透明图像，可以将"合成"窗口中的"分辨率/向下采样系数弹出式菜单"设为"完整"即可，如图14-28所示。

图14-28　设置显示分辨率

12）经过使用"Roto 笔刷工具"后，遮罩的边缘仍然显得比较生硬，再切换到图层窗口在"工具"面板中将"Roto 笔刷工具"切换为"调整边缘工具"，围绕荷花的边缘进行绘制，松开鼠标左键后显示，如图14-29所示。

13）在效果控件面板中，勾选"微调调整边缘遮罩"复选框，展开"调整边缘遮罩"选项，设置"平滑"为5，"羽化"为1，"对比度"为10%，如图14-30所示。

图14-29　"调整边缘工具"绘制后的效果　　图14-30　"调整边缘遮罩"参数设置

14）切换到"合成"窗口中，将"项目"窗口中"荷花背景.jpg"素材拖拽到时间线上"荷花.mp4"图层的下方。展开"荷花背景"图层的缩放属性设置"缩放"为130%。

15）选定"荷花"图层，展开荷花的"变换"属性，将"缩放"设为70%，位置设为（470，335），如图14-31所示。

16）预览效果：单击"预览"面板中的"播放"▶按钮，进行效果预览。

图14-31 设置荷花的"位置"和"缩放"参数

17）渲染输出：若对预览效果感到满意时，可以执行"合成"→"添加到渲染队列"命令，在"渲染"队列面板中单击"输出到："右侧的文件名，在弹出的"将影片输出到："对话框中设置影片名称和保存位置，单击"保存"按钮；单击左下角"输出模块："右侧的"无损"按钮，在弹出的"输出模块设置"对话框中单击"格式"右侧的下拉按钮，设置视频的输出格式为".flv"格式，单击"确定"按钮退出对话框，单击"渲染"按钮进行渲染。

18）保存项目文件。

执行"文件"→"整理工程（文件）"→"收集文件"命令，完成项目文件的保存工作。

第 7 单元
调色

项目 15　校正颜色

学习目标

1）掌握色彩的组成要素。
2）掌握色彩校正中常用的调色特效。
3）掌握整体调色与局部调色的方法。

知识准备

色彩是影片中外在的表现形式之一，调整影视色彩是影视后期制作中一个重要的环节，画面的整体色调会展现出影片的风格，并影响影片的质量，影片中局部色彩的调整能使影片色调更协调。

现代色彩学按照全面、系统的观点，将色彩分为有彩色和无彩色两大类。有彩色是指红、绿、蓝这三个最基本的色相，以及它们混合所得到的所有色彩，这三个色相又称三原色，简称 RGB 色彩模式。无彩色是指黑色、白色和各种纯度的灰色。无彩色虽然只有明度变化，但在色彩学中，无彩色也是一种色彩。色彩的组成要素主要有三个方面：色相、明度、饱和度，也称 HSB 色彩模式。

1. HSB 色彩模式

HSB 色彩模式是基于人眼对颜色的感觉而制定，它将颜色看成是由色相、饱和度、明度（亮度）组成。

（1）色相

色相是指色彩的相貌，即色彩的称谓，如红、橙、黄、绿、蓝、紫等，如图 15-1 所示。

在 AE CC 中，常用的色相处理方法为色相/饱和度设置，其方法是：执行菜单命令"效果"→"颜色校正"→"色相/饱和度"，如图 15-2 所示。

图15-1　色相

图15-2　"色相/饱和度"设置

使用"色相位/饱和度"中的通道控制改变向日葵的颜色，增加饱和度使颜色更鲜艳。另外，根据色轮补色原理，通过增加或减少某种颜色，从而可以改变图像的色相。

使用曲线特效调整色相，其方法是：执行菜单命令"效果"→"颜色校正"→"曲线"，如图 15-3 所示。

图15-3　"曲线"特效设置

在色轮中对角线上的两种颜色是互补色，也称对立色，它们两两之间没有共同的 RGB 色素。

红（255，0，0）—青（0，255，255）

绿（0，255，0）—洋红（255，0，255）

蓝（0，0，255）—黄（255，255，0）

所以，在曲线的红通道中，曲线向上，增加红色则减少青色，实际上就是减少绿色和蓝色；反之，曲线向下，减少红色则增加青色，实际上就是增加绿色和蓝色。对于绿、蓝通道，原理

图15-4　色轮

相同,一种颜色增加,则它的补色减少,一种颜色减少,则它的补色增加,如图15-4所示。

(2) 明度

明度是指色彩的明暗程度,也称色彩的亮度,如图15-5所示。有彩色中黄色的明度最高,紫色明度最低,处于光谱边缘。同一种色彩,其明度也会有变化,当它加入白色时会提高明度,加入黑色时会降低明度和饱和度。无彩色中明度最高的是白色,明度最低的是黑色。通常利用色阶直方图可很容易地查看图像的亮度强弱,如图15-6所示。

利用色阶查看图片的灰度值分布,在色阶直方图中,色彩的亮度偏低,通过改变色阶的输入黑、白色的值,调整图像的色彩亮度,使图像色彩的亮度重新分布,并保持色彩均衡,效果如图15-7所示。

图15-5 色彩的明度

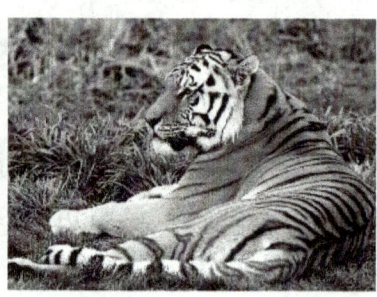

图15-6 色阶柱形图

图15-7 改变色阶的输入黑、白色值前后的效果

另外,通过颜色平衡的阴影、中值和高光也可以对素材进行亮度调整。

(3) 饱和度

饱和度是指色彩的鲜艳程度,也称色彩的纯度,如图15-8所示。当一种颜色中混入灰色或其他颜色时,纯度就会降低,即饱和度会下降,无彩色没有色相。因此,饱和度为0。通常利用"色相位/饱和度"来增加图像的饱和度。

增加图像主饱和度,如图15-9所示,使得图像的整体色彩变得鲜艳,效果如图15-10所示。

图15-8 饱和度

图15-9 设置饱和度

图15-10 饱和度调整前后效果对比

2. RGB 色彩模式

RGB 色彩模式是由三原色以及它们混合所得到的色彩组成的。三原色是指这三种色中的任意一色都不能由另外两种原色混合产生，而其他色可由这三种色按照一定的比例混合出来，色彩学上将这三个独立的色称为三原色。三原色是指红、绿、蓝三色，简称 RGB，如图 15-11 所示。

图15-11 "红R（255,0,0）""绿G（0,255,0）""蓝B（0,0,255）"三原色

图层模式叠加如图 15-12 所示。

3. 色彩校正

色彩校正是一种改变或协调图像颜色的方法。色彩校正可以用来优化原始素材，将人们的注意力吸引到图像的关键元素上，校正白平衡和曝光中的错误，确保不同图像之间颜色一致，或者为了人们所需的特效视觉效果进行艺术性调色。色彩校正常用调色特效，如亮度与对比度、曲线、色彩平衡、色相位/饱和度、色阶、阴影/高光等。

图15-12 图层模式叠加

（1）亮度与对比度

"亮度与对比度"特效用来调节镜头的亮度和对比度。在实际应用中，可校正原来镜头的亮度或者对比度不足等缺陷，也可以通过该特效产生反差较大的视觉冲击。"亮度与对比度"特效设置及效果，如图 15-13 和图 15-14 所示。

图15-13 "亮度与对比度"特效设置

图15-14 "亮度与对比度"特效设置前后的效果对比

亮度表示提升整个图像的亮度，对比度表示增大亮色调与暗色调的对比，使亮色调更亮，暗色调更暗。

(2) 曲线

"曲线"特效可调整画面的色调范围，它将颜色范围分为若干小方块，每个小方块都能控制一个亮度层次的变化。图像通过使用"曲线"特效，可调整整个色调范围及色彩平衡，它不仅可以对图像中的高光、暗调和中间调进行调整，还可以调整色彩在 0～255 范围内任意点的色调。提升图像的整体高光和中间调的亮度，如图 15-15 所示。

图15-15 "曲线"特效设置及效果

如图 15-16～图 15-18 所示，分别通过曲线特效红、绿、蓝通道调整图像的色调。

"曲线"的单通道调整色彩，实际上是"增加一种单色的值，会减少另外两种颜色的值，反之，减少一种单色的值，会增加另外两种颜色的值，如增加红色，则绿、蓝两种颜色值就会减少。"

图15-16 曲线特效"红"通道设置

图15-17 曲线特效"绿"通道设置

第 7 单元　调色

图15-18　曲线特效"蓝"通道设置

"曲线"的单通道是根据色彩互补来进行调色的。其中，红与青、绿与洋红、蓝与黄互为补色。

（3）色彩平衡

"色彩平衡"特效提供了一般化的色彩校正，用于调整图像的总体混合效果。该特效通过对图像的 R、G、B 通道进行调节，分别调节阴影、中值和高光部分的强度，如图 15-19 所示。

（4）色相位/饱和度

"色相位/饱和度"特效可以调整图像中单个颜色的色调、饱和度和亮度，如图 15-20 所示。

图15-19　"色彩平衡"特效设置　　　　图15-20　"色相位/饱和度"设置

图15-21　饱和度设置前后的效果对比

— 165 —

(5) 色阶

"色阶"特效用于改变图像整体或部分通道的范围亮度,可以调节画面的亮度、对比度和伽马值(Gamma),通过调节伽马值(Gamma)来影响灰度色调中间范围的亮度值,且不明显改变画面的亮度和阴影部分,如图 15-22 和图 15-23 所示。

(6) 阴影 / 高光

"阴影 / 高光"特效用于校正逆光拍摄的照片,或者校正由于太接近闪光灯而有些发白的焦点,可以将图像中的暗调区域和高光区域增亮或变暗,如果使用

图15-22　色阶设置

别的调色特效对暗部进行调整,可能会把画面中已经很亮的部分调得更亮,而使用"阴影 / 高光"特效则不会产生上述情况,如图 15-24 和图 15-25 所示。

图15-23　色阶设置前后效果对比

  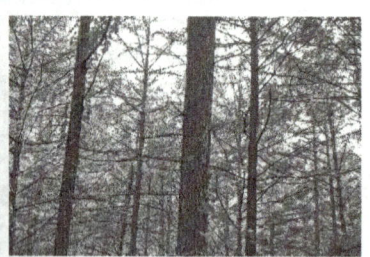

图15-24　"阴影/高光"设置　　　　图15-25　阴影/高光设置前后的效果对比

阴影数量和高光数量表示减少图像中的阴影数和高光数,减少阴影能突出图像的细节,减少高光能降低光线的强度。

项目实施

《美丽的白头雕》—— 色彩校正

本项目通过《美丽的白头雕》制作,根据素材的特点,采用恰当的调色工具进行颜色校正,分别利用色相位/饱和度、曲线、亮度与对比度、更改颜色、色阶等特效完成项目的调色效果。

项目完成后的效果，如图15-26所示。

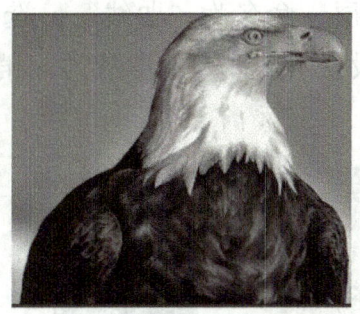

图15-26 《美丽的白头雕》制作效果

制作步骤如下

1）打开AE CC软件，导入素材"eagle.mov"。

2）在"项目"窗口中，把"eagle.mov"拖动到"项目"窗口下方的"新建合成"按钮上，创建合成eagle。

3）在"合成"窗口中，可以发现视频的色彩不太鲜艳，对比度偏低，重点不够突出。利用AE CC自带的色彩校正特效对视频进行色彩校正。

4）添加调整图层：执行"图层"→"新建"→"调整图层"命令，命名为"色阶"。选择"色阶"图层，在菜单"效果"的颜色校正中选择"色阶（独立控件）"，如图15-27所示。设置"色阶"的参数为RGB：输入白色236；红色：红色输入白色235，红色灰度系数0.67；绿色：绿色输入白色209，绿色灰度系数0.70；蓝色：蓝色输入白色183，蓝色灰度系数0.80，如图15-28所示。

图15-27 色阶直方图

图15-28 "色阶（独立控件）的RGB及红绿蓝"参数设置

5）添加调整图层：执行"图层"→"新建"→"调整图层"命令，命名为"阴影/高光"。选择"阴影/高光"图层，在菜单"效果"的颜色校正中选择"阴影/高光"，设置"阴影/

高光"的参数为：阴影数量63，高光数量17，取消"自动数量"复选框，如图15-29所示。

6）添加调整图层，命名为"曲线"。选择"曲线"图层，在菜单"效果"的颜色校正中选择"曲线"，设置"曲线"的参数为：稍微降低高光，提升中间调，如图15-30所示。

   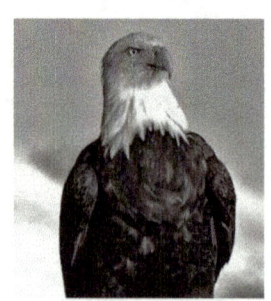

图15-29 "阴影/高光"参数设置及效果　　　图15-30 "曲线"参数设置及效果

7）添加调整图层，命名为"自然饱和度"。选择"自然饱和度"图层，在菜单"效果"的颜色校正中选择"自然饱和度"，设置"自然饱和度"的参数：自然饱和度为40，饱和度为20，如图15-31所示。

图15-31 "自然饱和度"参数设置及效果

8）添加调整图层，命名为"快速模糊"。选择"快速模糊"图层，在菜单"效果"的"模糊和锐化"中选择"快速模糊"，设置"快速模糊"的参数：模糊度为18，勾选"重复边缘像素"复选框，如图15-32所示。图层模式设置为"柔光"，如图15-33所示。

图15-32 "快速模糊"参数设置　　　图15-33 图层模式设置为"柔光"

9）添加纯色图层：执行"图层"→"新建"→"纯色"命令，在打开的"纯色设置"对话框中，"颜色"为"黑色"，"名称"为"压暗四角"。选择"压暗四角"图层，在"工具"面板中选择"椭圆工具"，在"合成"窗口中绘制一个椭圆，如图15-34所示。

图15-34 在"合成"窗口中绘制椭圆

10）展开"压暗四角"图层属性，蒙版选择"反转"，蒙版羽化值为（200，200），图层"变换"的"不透明度"为30%，图层模式改为"相乘"或"变暗"，如图15-35所示。

11）单击"预览"面板中的"播放"按钮，预览效果。

12）渲染输出。若对预览效果感到满意，可以执行"合成"→"添加到渲染队列"命令，在"渲染队列"面板中单击"输出到："右侧的文件名，在弹出的"将影片输出到："对话框中设置影片名称和保存位置，单击"保存"按钮；单击左下角"输出模块："右侧的"无损"按钮，在弹出的"输出模块设置"对话框中单击"格式"右侧的下拉按钮，设置视频的输出格式为FLV格式，单击"确定"按钮退出对话框，单击"渲染"按钮进行渲染。

图15-35　设置蒙版属性

13）保存项目文件。执行"文件"→"整理工程（文件）"→"收集文件"命令，完成项目文件保存工作。

项目拓展

《变色龙》——二级调色

在影视场景中，穿红色衣服的人物与黑白画面形成强烈的对比，产生极具冲击力的视觉效果。本项目我们模仿该艺术表现手法，对画面进行二级调色，二级调色指的是针对画面的某个色调范围来改变颜色。本项目通过二级调色，完成使变色龙从绿色的树叶中突显出来的效果，项目的原始素材与项目完成后的效果如图15-36所示。

图15-36　《变色龙》原始素材与项目完成后的效果

制作步骤如下

（1）导入素材

打开AE CC软件，在项目窗口中双击，导入素材"变色龙.mp4"，将项目窗口中的"变色龙.mp4"拖拽到下方的"新建合成"按钮上，建立一个与素材大小一致的合成。

(2) 保留前景

1) 执行菜单命令"图层"→"新建"→"调整图层",新建一个调整图层,右击新建的调整图层,在弹出的快捷菜单中,执行"重命名"命令,重命名为"保留颜色",并放置到合成的顶部。

2) 选定时间线窗口中的"保留颜色"图层,执行菜单命令"效果"→"颜色校正"→"保留颜色"。在打开的窗口中,使用"要保留的颜色"右侧的吸管在画面中吸取变色龙身体的颜色,设置"脱色量"为"100%",可以发现画面中除了变色龙保留原来的颜色,其他部分都变成了黑白色调,部分树叶还保留了一些绿色,需要继续调整,将"匹配颜色"设置为"使用色相",根据色相分离颜色,"容差"设为"0","边缘柔和度"设为"5%",如图 15-37 所示。

图15-37 "保留颜色"特效设置及效果

3) 执行菜单命令"图层"→"新建"→"调整图层",新建一个"调整图层 2",重命名为"饱和度",放置到合成的顶部。选择"饱和度"图层,执行菜单命令"效果"→"颜色校正"→"自然饱和度",在打开的窗口中,设置"自然饱和度"值为"-50","饱和度"参数值为"-100",如图 15-38 所示。

图15-38 "自然饱和度"特效设置及效果

4) 这时发现整个画面都成了黑白色调,现在需要创建一个遮罩选区来解决这个问题。选中"饱和度"图层,使用椭圆工具绘制一个椭圆形遮罩,如图 15-39 所示。在遮罩选区内,添加的特效会影响到下面的图层,这个效果正好与我们所希望的效果相反,展开"饱和度"图层下面的"蒙版 1"参数,勾选"反转"选项,把遮罩选区反向,设置"蒙版羽化"为"240,240",如图 15-40 所示。

5) 执行菜单命令"图层"→"新建"→"调整图层",将新建的调整图层重命名为"饱和度 2",放置到合成的顶部。执行菜单命令"效果"→"颜色校正"→"自然饱和度",设置"自然饱和度"值为"100","饱和度"参数值为"20",提高变色龙的饱和度。

第 7 单元　调色

图15-39　绘制椭圆形遮罩　　　　图15-40　"饱和度"图层的"蒙版1"参数设置

（3）虚化背景

1）执行菜单命令"图层"→"新建"→"调整图层"，将新建的调整图层重命名为"曝光模糊"，放置到合成的顶部。选中该层，执行菜单命令"效果"→"颜色校正"→"曝光度"，设置"曝光度"值为"-1.94"，"灰度系数校正"值为"0.79"，调暗画面，如图15-41所示。

图15-41　"曝光度"特效设置及效果

2）选择"曝光模糊"图层，执行菜单命令"效果"→"模糊与锐化"→"摄像机镜头模糊"，设置"模糊半径"值为"20"，勾选"重复边缘像素"选项，如图15-42所示。此时整个画面都产生了模糊效果，但是我们仅仅需要对变色龙周围进行模糊。

图15-42　"摄像机镜头模糊"特效设置与效果

3）选定"饱和度"图层上的"蒙版1"，按<Ctrl+C>组合键进行复制，选定"曝光模糊"图层，按<Ctrl+V>组合键进行粘贴。调整"曝光模糊"图层上的"蒙版1"参数，设定"蒙版羽化"为"725，725"，"蒙版扩展"为"260"像素，如图15-43所示。

图15-43　调整"曝光模糊"图层的"蒙版1"参数及效果

(4) 预览效果

单击"预览"窗口中的"播放"按钮，进行预览效果。

(5) 渲染输出

若对预览效果感到满意，可以执行菜单命令"合成"→"添加到渲染队列"，在渲染队列面板中单击"输出到："右侧的文件名，在弹出的对话框中设置影片名称和保存位置，单击"保存"按钮；单击左下角"输出模块："右侧的"无损"，在弹出的对话框中单击格式右侧的下拉按钮，设置视频的输出格式为 FLV 格式，单击"确定"按钮退出对话框，单击"渲染"按钮进行渲染。

(6) 保存项目文件

执行菜单命令"文件"→"整理工程（文件）"→"收集文件"，完成项目文件保存工作。

项目 16　调整画面亮度

学习目标

1）熟练掌握使用"色阶"特效调整画面亮度的方法。
2）熟练掌握使用"亮度与对比度"特效调整画面亮度的方法。
3）掌握"颜色平衡"和"曝光度"特效的使用方法。
4）掌握整体调色与局部调色的方法。

知识准备

1．"曝光度"特效

曝光特效可以一次只对一个通道或一次对全部通道信息进行分析，对图像进行整体校准。该特效通过模拟照相机抓拍图像时对曝光率设置的修改原理来获得效果。

2．创建调整图层

调整图层是一种比较特殊的图层，添加后没有任何效果，必须在调整层上添加特效后才能起作用。添加在调整图层上面的特效会影响它下面的所有图层。一般会在两种情况下使用调整图层：一种是对多个图层进行统一处理，但是不想将它们进行合并，则会在这些图层的上面添加一个调整图层，为调整图层添加特效，可以影响其下面的所有图层；另一种是不希望特效完全显示在画面中，如希望调色效果只作用于部分画面，也会添加一个调整图层，然后对调整图层绘制蒙版，创建选区，使调色效果只作用于蒙版的选区范围内。

项目实施

《风景调色》——调整亮度

原始素材是一个曝光过度的视频。通过《风景调色》项目的制作，利用"色阶"特效来调整画面的亮度，项目完成后的效果如图16-1所示。

图16-1 《风景调色》制作效果

制作步骤如下

1）打开AE CC软件，在项目窗口中导入素材"风景.mov"。

2）在项目窗口中，把"风景.mov"拖动到下方的新建合成按钮上，创建一个与素材大小一致的"风景"合成。

3）执行菜单命令"图层"→"新建"→"调整层"，新建一个调整层，按<Enter>键，重命名为"调整层曝光"。

4）单击选定时间线窗口中的"调整层曝光"图层，执行菜单命令"效果"→"颜色校正"→"色阶"，为画面添加色阶特效，如图16-2所示。色阶能够方便快捷地调整画面亮度，根据直方图，直观地显示调整参数的变化。

直方图上有5个控制滑块，分别对应直方图的5个参数。

输入黑色：把原图像中亮度值为多少定义为纯黑，默认值为0，即纯黑。

输入白色：把原图像中亮度值为多少定义为纯白，默认值为255，即纯白。

灰度系数：画面灰度系数亮度的调整，默认值为1.00。

输出黑色：调整后的画面把纯黑值定义为多少，默认值为0.0。

输出白色：调整后的画面把纯白值定义为多少，默认值为255.0。

对当前图像来说，像素主要集中在中间比较亮的部分，整个画面缺少暗部，把左侧的黑色小三角（输入黑色）向右拖动，可以看到逐渐变暗，拖动到"输入黑色"值为69，这一步调整是将画面中69的亮度定义为纯黑，那么画面中亮度值低于69的当然也是纯黑，所以画面会出现暗部，继续拖动灰色小三角（灰度系数）向右移动，画面中的灰度系数逐渐变暗，拖动到灰度系数值为0.67，如图16-3所示。

5）把右侧的白色小三角（输出白色）向左拖动，可以看到画面中的亮度逐渐变暗了，此时"输出白色"的值为234。

6）选择时间线窗口中的"调整层曝光"图层，执行菜单命令"效果"→"颜色校正"→"自然饱和度"，设置"自然饱和度"参数为30，"饱和度"参数为30，提高画面的饱和度，使画面中树叶更加翠绿。

7）单击"预览"面板中的"播放"按钮，预览效果。

图16-2 色阶直方图　　　　图16-3 调整色阶参数

8）渲染输出：若对预览效果感到满意时，可以执行菜单命令"合成"→"添加到渲染队列"，在渲染队列面板中单击"输出到："右侧的文件名，在弹出的对话框中设置影片名称和保存位置，单击"保存"按钮；单击左下角"输出模块："右侧的"无损"，在弹出的对话框中单击格式右侧的下拉按钮，设置视频的输出格式为FLV格式，单击"确定"按钮退出对话框，单击"渲染"按钮进行渲染。

9）保存项目文件：执行菜单命令"文件"→"整理工程（文件）"→"收集文件"，完成项目文件保存工作。

项目拓展

《眺望》——调整画面光感及层次感

《眺望》项目原始素材，人物肤色偏黄，光感及层次感较差，通过对素材进行色相、饱和度及明度特效的设置，调节颜色的平衡度，通过曝光度特效的设置，提高素材的光感及层次感。完成后的效果如图16-4所示。

图16-4 《眺望》制作效果

制作步骤如下

1）打开AE CC软件。

2）导入素材。在项目窗口中双击，打开"导入素材"对话框，在对话框中单击序列文件中的第1个图片素材，勾选"Targa序列"复选框，单击"导入"按钮，如图16-5所示。

3）在项目窗口中，把导入的"眺望"素材拖动到下方的新建合成按钮上，创建一个与素材大小一致的"眺望"合成。

4）可以看到，原始素材人物肤色偏黄，且光感、层次感较差，所以重点在这几个方面进行调色。

第 7 单元　调色

图16-5　导入序列文件对话框

选择"眺望"图层，鼠标右击，在弹出的快捷菜单中，执行菜单命令"效果"→"颜色校正"→"色相/饱和度"。"色相/饱和度"可以通过调整色相、饱和度及明度来调节颜色的平衡度，现在将主饱和度的值降低为"–40"，得到一个淡色彩的影像，如图 16-6 所示。

图16-6　设置饱和度参数及设置效果

5）为了提高光感和层次感，需要提高对比度，且提亮受光部分，使光感更加强烈。在时间线窗口中，右击"眺望"图层，在弹出的快捷菜单中，执行菜单命令"效果"→"颜色校正"→"曝光度"，在特效控制窗口中，设定"曝光度"为"1"，"偏移"值为"–0.1"，"灰度系数校正"值为"1.5"，如图 16-7 所示。

"曝光度"参数可以对图像进行整体提亮的操作，且保持对比度同比变化；"偏移"参数通过一个偏移值对明暗进行调整；"灰度系数校正"参数进行调整，图像将会变暗或者变亮，但是图像中的阴影部分和高亮部位不受影响，图像中固定的黑色和白色区域也不会受其影响，"灰度系数校正"参数值越大，图像越亮。

图16-7 设置曝光度参数及设置效果

6）对肤色进行调整。选择"眺望"图层，鼠标右击，在弹出的快捷菜单中，执行菜单命令"效果"→"颜色校正"→"颜色平衡"。

颜色平衡特效通过对图像的 R（红）、G（绿）、B（蓝）通道进行调节，分别调节颜色在暗部、中间色调和高亮部分的强度。

① 首先调整高亮部分。需要将人物脸部设置为冷光效果，所以要调高蓝色成分，这里调整"高光蓝色平衡"为 60。可以看到图像整体偏蓝，皮肤原有的颜色不够。调整"高光绿色平衡"为 14，调整"高光红色平衡"为 11。

② 对中间区域进行调整。由于最终效果整体偏冷，而使用冷色可以使肌肤看上去更白皙，所以将"中间调蓝色平衡"调整为 50，"中间调绿色平衡"调整为 38，以平衡过蓝的肤色。

③ 调整暗部区域。一般情况下，室内的暗部区域为暖色，这里提高暗部的红色成分，将"阴影红色平衡"参数调整为 30。可以看到，经过肤色调整后，对比度有所减弱，如图 16-8 所示。

图16-8 设置颜色平衡及设置效果

7）展开"曝光度"特效，将"灰度系数校正"参数调整为 0.5。调色的时候，经常需要不断地在各种调色工具间切换，修改参数，以达到一个满意的效果。

8）使用去噪工具，美化皮肤。在特效控制对话框中鼠标右击，选择菜单命令"效果"→"杂色和颗粒"→"移除颗粒"，在"查看模式"下拉列表框中选择"最终输出"。展开"杂色深度减低设置"参数栏，将"杂色深度减低"参数设为 2。

9）观察图像的暗部区域，可以看到经过调色以后，噪波现象比较严重，需要去除噪波。在时间线上选择"眺望"图层，按 <Ctrl+D> 组合键复制一个图层。右击下方的层，在弹出的快捷菜单中，选择菜单命令"效果"→"模糊与锐化"→"快速模糊"，将"模糊度"参数设置为50，滤平噪波。

在时间线上选择处于上方的层，在"模式"中将层模式设为"发光度"模式。"发光度"模式使上层图像颜色随下层图像改变，保留上层图像的灰度不变，是消除图像色彩噪波很有效的办法。

10）单击"预览"面板中的"播放"按钮，预览效果。

11）渲染输出。若对预览效果感到满意，可以执行菜单命令"合成"→"添加到渲染队列"，在渲染队列面板中单击"输出到："右侧的文件名，在弹出的对话框中设置影片名称和保存位置，单击"保存"按钮；单击左下角"输出模块："右侧的"无损"，在弹出的对话框中单击格式右侧的下拉按钮，设置视频的输出格式为FLV格式，单击"确定"按钮退出对话框，单击"渲染"按钮进行渲染。

12）保存项目文件。执行菜单命令"文件"→"整理工程（文件）"→"收集文件"，完成项目文件保存工作。

第8单元
跟踪与稳定

项目17　位置跟踪

学习目标

1）掌握位置跟踪的设置方法。
2）掌握透视跟踪的设置方法。
3）能根据素材的特点选择恰当的跟踪方法。

知识准备

1. 运动跟踪

运动跟踪是AE CC中的关键帧助理工具中功能最强大、作用最广泛的一个工具。运动跟踪器以在第一帧中选择的区域中的像素为标准，来记录后续帧的运动。例如，将一个燃烧的火焰与一个运动中的网球合成，火焰通过追踪网球的运动轨迹，使火焰与网球的运动轨迹相同。

AE CC可以对多种元素进行跟踪。例如，可以在一个影像片段中的人物头部加入一个光环，让光环随着头部的运动而移动、旋转、缩放。同样，可以跟踪某个物体的多个控制点，物体的外形变化通过控制点表现出来。AE CC可以对目标的位置、旋转属性、透视属性进行跟踪。

2. 跟踪器面板

在"时间线"窗口中，选中要进行跟踪操作的图层，执行"窗口"→"跟踪器"命令，系统自动弹出"跟踪器"面板，如图17-1所示。

1）跟踪摄像机：单击该按钮可以进行摄像机跟踪操作。

2）变形稳定器：单击该按钮可以进行自动画面稳定操作，如果素材有晃动，直接单击该按钮，可以自动稳定画面。

3）跟踪运动：可设置位置跟踪、旋转跟踪、透视跟踪等。

4）稳定运动：单击该按钮，可以进行稳定操作。无论单击"跟踪运动"按钮还是"稳定运动"按钮，选择的层都会在"图层"面板中打开，并默认显示1个跟踪点，如图17-2所示。

5）运动源：指定跟踪的源，即需要在该层进行跟踪操作。

6）当前跟踪：指定当前的跟踪轨迹。一个层可以进行多个跟踪，可以在此切换不同的轨迹。

图17-1 "跟踪器"面板

图17-2 添加"跟踪运动"后默认打开图层面板

7）跟踪类型：分别是稳定、变换、平面边角定位、透视边角定位、原始。

8）位置、旋转、缩放：这3个选项只有在使用"稳定"和"变换"跟踪的时候才可以使用。

9）编辑目标：指定运动要应用于的对象图层，单击该按钮，出现"运动目标"对话框，如图17-3所示。

10）选项：单击该按钮，进行跟踪参数设置，弹出"动态跟踪器选项"对话框如图17-4所示。

① 轨道名称：指定当前跟踪的名称。

② 跟踪器增效工具：显示载入到 AE CC 中的跟踪插件。

③ 通道：在跟踪过程中，跟踪是按照像素差异进行的，跟踪点与周围环境没有差异时，无法正确跟踪点的变化。差异类型包括 RGB 色彩差异、明亮度差异、饱和度差异。

④ 跟踪场：识别跟踪层的场。

⑤ 子像素定位：将特征区域的像素细分处理，得到更精确的运算结果。

图17-3 "运动目标"对话框

图17-4 "动态跟踪器选项"对话框

⑥ 每帧上的自适应特性：对每帧都优化特征区域，提高跟踪的精确度。

⑦ 如果置信度低于：当跟踪的信息被其他物体遮挡时，选择此项，设置百分比。当跟踪信息的精度百分比低于该值时，系统将推算各种信息的位置。

3．定义跟踪范围

跟踪范围是由两个方框和一个十字线构成的，如图 17-5 所示。

1）十字线为跟踪点，跟踪点与其他层的轴心点或效果点相连。当跟踪完成后，结果将以关键帧的方式记录到图层的相关属性。跟踪点在跟踪过程中只是用来确定其他层在跟踪完成后的位置情况。跟踪点不一定要在特征区域内，可以拖动到任何地方。

2）里面的方框为特征区域，用于定义跟踪目标的范围。系统记录当前特征区域内的对象的明度和形状特征，然后在后续帧中以这个特征进行匹配跟踪。对影像进行运动跟踪时，要确保特征区域有较强的颜色或亮度特征，与其他区域有高对比度反差。一般情况下，在前期拍摄过程中，要准备好跟踪特征物体，以便后期编辑可以达到最佳合成效果。

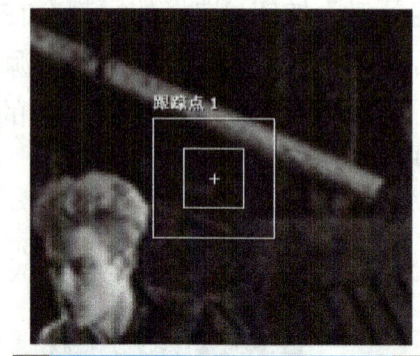

图17-5　跟踪点标记

3）外面的方框为搜索区域。较小的搜索区域可以提高跟踪的精度和速度。但是搜索区域一般最少需要包括两帧跟踪物体的位移所移动的范围。所以，被跟踪素材的运动速度越快，两帧之间的位移越大，搜索区域的大小也要相应增大。

4．分析跟踪效果

当跟踪设置完成后，可进行分析跟踪。可以单击 ▶ "向前分析"按钮、◀ "向后分析"按钮进行连续跟踪，再单击一次则停止跟踪。也可以单击 ▶┃ "向前分析 1 帧"、┃◀ "向后分析 1 帧"按钮进行单帧跟踪。

当对分析跟踪的效果满意时，可单击"应用"按钮，为目标层应用跟踪效果。当对分析跟踪的效果不满意时，将指针移到产生偏移的位置，在层窗口中将偏移的跟踪区域调整到正确的位置，按下 ▶ "向前分析"按钮继续跟踪，如果后面再次出现偏移，按照同样的方法重新设置跟踪区域即可。

5．跟踪方式

1）位置跟踪：位置跟踪方式是将其他层或本层中具有位置移动属性的特技参数连接到跟踪对象的跟踪点上，它只有一个跟踪区域。在进行跟踪时，可以将一个层或效果连接到跟踪点上，但因为位置跟踪具有一维属性，只能控制一个点，所以当物体产生歪斜或透视效果时，位置跟踪不能随物体的透视角度发生变化。这种方式适合被跟踪物体只在平面中发生位移变化的情况。

2）旋转跟踪：旋转跟踪将被跟踪物体的旋转方式复制到其他层或本层中具有旋转属性的特技参数上，它具有两个跟踪区域。在进行旋转跟踪时，第 1 个特征区域到第 2 个特帧区域轴上的箭头决定一个角度。跟踪工具通过两个跟踪区域相对的位置移动计算出物体旋转的角度，并且将这个旋转的角度赋值到其他层上，使其他层上的物体对象与被跟踪的物体以相同的方式旋转。这种方式适合被跟踪物体只在平面中绕固定位置发生旋转变化的情况。

3）位置和旋转的跟踪：位置和旋转的跟踪，结合了位置跟踪和旋转跟踪的特点，它具有两个跟踪区域，在进行这种跟踪时，跟踪工具通过两个跟踪区域相对的位置移动计算出物体的位置及旋转角度，并将这个位置和旋转角度的值应用到其他层，使其他层上的物体与被跟踪的物体以相同的方式运动。

4）平行边角定位：边角定位使用 3 个跟踪点跟踪歪斜与旋转，但不是透视的画面。当对跟踪点进行分析计算后，将上面定义的 3 个跟踪点计算出第 4 个点的位置信息并转化为"边角定位"的关键帧，系统将自动为连接层添加边角定位效果。该效果将控制连接层四个角的位置，于是就可以看到连接层产生歪斜和旋转运动。

5）透视边角定位：透视边角定位与边角定位不同，透视边角定位形成的四边形可以自由变形，可以模拟各种透视效果。当对跟踪点进行分析计算后，系统自动为连接层添加边角定位效果，并将 4 个跟踪点的位置信息转化为"边角定位"参数的关键帧。

项目实施

《手握火焰前行》——位置跟踪应用

本项目主要是通过位置跟踪的设置，实现火焰随人的运动而运动的效果。在项目制作的过程中，要注意调节好各项跟踪参数，局部区域可以手动调整跟踪结果。项目的制作效果，如图 17-6 所示。

图17-6 《手握火焰前行》制作效果

制作步骤如下

1）启动 AE CC 软件，导入素材"火焰"和"背景"两个序列文件素材。导入时，要按照序列文件素材的导入方法进行导入。在"项目"窗口中双击，在打开的"导入文件"对话框中，选中"火焰"文件夹下的第 1 个序列图片文件然后勾选"☑ JPEG 序列"项，单击"导入"按钮即可，如图 17-7 所示。用同样的方法，导入"背景"序列文件素材。

图17-7　导入"火焰"序列文件素材

2）新建合成：将"项目"窗口中的"背景"素材拖拽到"项目"窗口底部的"新建合成"按钮上，建立一个与素材"背景"大小一致的合成。

3）将"项目"窗口中的"火焰"素材拖拽到"时间线"窗口中"背景"层的上层。

4）在时间线上可以观察到火焰素材的时长比较短，只有4秒时长，而"背景"素材时长为12秒，所以应该设置火焰素材。在"项目"窗口中，右击"火焰"素材，在出现的快捷菜单中，选择"解释素材"→"主要"，在打开的"解释素材"对话框中，设置"循环"的值为3次，如图17-8所示。

图17-8　"解释素材"对话框

5）在"时间线"窗口，将光标移到"火焰"素材的出点处，待光标变成双向箭头时，向右拖拽，使得火焰的出点到第12秒处，与"背景"素材时长相同，如图17-9所示。

图17-9　拖拽火焰素材

6）选中"火焰"图层，展开"变换"下的"缩放"属性，设置"缩放"为40%。单击"工具"面板中的"向后平移（锚点）工具"按钮，将光标移到火焰的中心，调整锚点至火焰下端，如图17-10所示。

7）观察到"火焰"素材有黑色背景，选中"火焰"层，设置"模式"为"相加"或为"屏幕"，如图17-11所示。

图17-10　调整锚点到火焰下端

图17-11　设置"火焰"层的模式

8）单击"工具"面板中的"选择工具"，在"合成"窗口中移动火焰至人物的手心中。

9）选中"背景"图层，执行"窗口"→"跟踪器"命令，打开"跟踪器"面板，单击"跟踪运动"选项，"运动源"默认为"背景"，"跟踪类型"为"变换"，单击"编辑目标"按钮，设定"运动目标"为"火焰"，如图17-12所示。

10）单击"跟踪器"面板中的"选项"按钮，在打开的"动态跟踪器选项"对话框中，"通道"选择"明亮度"，勾选"每帧上的自适应特性"复选框，单击"确定"按钮，如图17-13所示。

图17-12 "跟踪器"面板

图17-13 设置"选项"参数

11）在打开的"图层：背景"面板中，拖动"跟踪点1"框到光源（手心）点上，注意：特征区域（内方框）要小，搜索区域（外方框）要大。

> **注意：** 当搜索框较小时，特征像素移动到搜索框之外时将不能正确跟踪；搜索框过大时，则分析过程变慢。

12）将时间指针置于0秒处，单击"向前分析" ▶ 按钮，系统自动进行分析，完成后，出现如图17-14所示的分析结果。

如果在跟踪过程中出现跟踪丢失，可以展开时间线上的"背景"层，查看"功能中心"中的关键帧，从开始丢失跟踪之后的关键帧删除，然后逐步单击"向前分析1个帧" ▶ 按钮进行单帧跟踪，出现丢帧时，就可以手动调整跟踪点，如图17-15所示。

图17-14 跟踪轨迹

图17-15 背景层动态跟踪的关键帧

13）当跟踪比较满意时，单击"跟踪器"面板中的"应用"按钮，弹出"动态跟踪器应用选项"对话框，如图17-16所示，"应用维度"选择"X和Y"，单

图17-16 选择"应用维度"

击"确定"按钮。系统自动切换回"合成"窗口。

14）此时预览合成效果，发现在8秒第12帧时，托火的人物已经消失了，但火焰依然停留在"合成"窗口的右侧边缘，可以展开"火焰"图层的"位置"关键帧，将8秒第12帧之后的关键帧按<Delete>键删除，再在后面添加一个关键帧，将火焰移到屏幕外侧。

15）预览效果：单击"预览"面板中的"播放" ▶ 按钮，进行效果预览。

16）渲染输出：若对预览效果感到满意时，可以执行"合成"→"添加到渲染队列"命令，在"渲染队列"面板中单击"输出到："右侧的文件名，在弹出的"将影片输出到："对话框中设置影片名称和保存位置，单击"保存"按钮；单击左下角"输出模块："右侧的"无损"按钮，在弹出的"输出模块设置"对话框中单击"格式"右侧的下拉按钮，设置视频的输出格式为FLV格式，单击"确定"按钮退出对话框，单击"渲染"按钮进行渲染。

17）保存项目文件：执行"文件"→"整理工程（文件）"→"收集文件"命令，完成项目文件保存工作。

项目拓展

《转动的显示器》——透视跟踪应用

本项目利用透视跟踪的设置，实现视频跟随计算机显示器转动的效果。项目的制作效果，如图17-17所示。

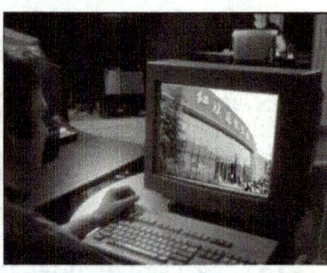

图17-17 《转动的显示器》制作效果

制作步骤如下

1）导入素材：启动AE CC软件，在"项目"窗口中双击，在打开的"导入文件"对话框中，选择素材文件夹中的computer中的序列文件素材，再次导入"红旗渠.mp4"素材。

2）将"项目"窗口中的computer素材拖拽到"项目"窗口下方的"新建合成"按钮上，新建一个与computer素材大小一致的合成。将"项目"窗口中"红旗渠.mp4"素材拖拽到computer图层的上方，并且缩小"红旗渠.mp4"的显示比例。

3）选中computer图层，执行"窗口"→"跟踪器"命令，打开"跟踪器"面板，单击"跟踪运动"按钮，给图层添加跟踪控制，系统自动将当前层设定为运动源。在"跟踪类型"下拉列表中，选择"透视边角定位"，如图17-18所示。单击"编辑目标"按钮，设定"运动目标"为"红旗渠.mp4"。

4）当为computer图层添加"跟踪运动"后，"合成"窗口自动切换到computer图层面板，同时出现4个跟踪范围，如图17-19所示。每一个跟踪范围由两个方框和一个十字点构成。将时间指针移到第0帧处，将光标移到跟踪范围内，当光标变为带有"✥"字黑色箭头时，分别移动跟踪范围到显示器的4个顶点上，调整两个方框大小，让内框包含住跟踪点，如图17-20所示。

5）在"跟踪器"面板中单击"选项"按钮，在弹出的"动态跟踪器选项"对话框中，设置跟踪的"通道"为"明亮度",单击"确定"按钮,如图17-21所示。

图17-18 "跟踪器"面板

图17-19 "图层"面板中的4个跟踪范围

图17-20 调整跟踪范围的位置

图17-21 "动态跟踪器选项"对话框

6)单击"向前分析"按钮,进行跟踪分析,再按一次则停止跟踪。也可以按下"向前分析1个帧"按钮进行逐帧分析跟踪。如果跟踪区域出现了偏移,将播放指针移到出现偏移的关键帧处,在层窗口中将偏移的跟踪区域重新进行调整,按下"向前分析"按钮继续跟踪,分析完成后,会产生跟踪点关键帧,图层窗口显示如图17-22所示。

7)当对跟踪结果比较满意时,单击"应用"选项按钮,系统自动切换到"合成"窗口,如图17-23所示。

图17-22 图层的跟踪关键帧轨迹

图17-23 "合成"窗口显示

8)渲染输出:若对预览效果感到满意,可以执行"合成"→"添加到渲染队列"命令,在"渲染"队列面板中单击"输出到:"右侧的文件名,在弹出的"将影片输出到:"对话框中设置影片名称和保存位置,单击"保存"按钮;单击左下角"输出模块:"右侧的"无损"按钮,在弹出的"输出模块设置"对话框中单击"格式"右侧的下拉按钮,设置视频的输出格式为 FLV 格式,单击"确定"按钮退出对话框,单击"渲染"按钮进行渲染。

9)保存项目文件:执行"文件"→"整理工程(文件)"→"收集文件"命令,完成项目文件保存工作。

项目 18 稳定运动

学习目标

1)掌握 AE CC 的稳定技术。
2)掌握变形稳定器的设置方法。
3)掌握稳定运动的设置方法。
4)能根据素材的特点处理镜头抖动问题。

知识准备

1. 稳定技术

拍摄过程中,由于摄像机的振动引起了画面的抖动,在 AE CC 中可以借助"变形稳定器"和"稳定运动"来对其进行平稳处理。

稳定运动的工作原理首先是侦测出跟踪点的起始位置和相对于其他点的起始角度,然后分析出后续帧的跟踪点的位置和角度,再为层的跟踪点和角度添加关键帧。这些关键帧的运动方向和旋转角度都与特征点的运动方向和旋转角度相反。这样就抵消了画面的跳动和旋转。

可以看出,画面的第 1 帧是整个画面稳定的基础,因此需要保证画面的第 1 帧是需要的效果。

2. 变形稳定器

利用"变形稳定器"可以自动对抖动的视频片段进行稳定处理。

3. 稳定运动

由于画面风格不同,对于模糊或对比度不高的视频素材,自动化的"变形稳定器"有时会出现无法使用的现象,就需要使用"稳定运动"来手动设置跟踪和稳定的操作。

稳定运动与跟踪运动的原理相同,只不过稳定运动应用目标是自身,通过跟踪画面中移动的像素,分析抖动的位置偏移变化校正抖动效果,分析两个跟踪点之间的角度变化校正旋转,计算两个跟踪点之间的距离变化校正缩放。

稳定运动的设置方法与跟踪运动基本相同。

第 8 单元　跟踪与稳定

项目实施

《抖动的花盆》——稳定运动

本项目主要是通过"稳定运动"的设置，实现消除抖动现象的效果。在项目制作的过程中，要注意调整跟踪点的位置及各项跟踪参数。项目的制作效果，如图 18-1 所示。

图18-1 《抖动的花盆》制作效果

制作步骤如下

1）启动 AE CC 软件，导入素材"抖动的花盆 .mp4"。

2）新建合成：将"项目"窗口中的"抖动的花盆 .mp4"素材拖拽到"项目"窗口底部的"新建合成"按钮 上，建立一个与素材"抖动的花盆 .mp4"大小一致的合成。

3）选中"抖动的花盆 .mp4"图层，将时间线指针移到第 0 帧，执行"窗口"→"跟踪器"命令，如图 18-2 所示。在"跟踪器"面板中单击"稳定运动"按钮，此时切换到"图层"面板，出现一个跟踪区域，如图 18-3 所示。

图18-2　稳定运动设置

图18-3　"图层"面板

4）在"图层"面板中，将"跟踪点 1"特征的外框调整稍大一点，如图 18-4 所示，光标指向特征点，待光标出现十字箭头时，拖拽跟踪点到花盆上的某个点上，如图 18-5 所示。

图18-4　调整特征点的外框

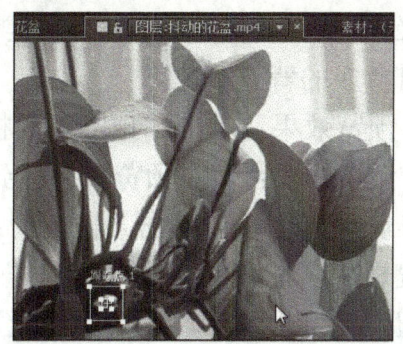

图18-5　拖拽跟踪点到花盆上

5）单击"向前分析"按钮 ，系统会自动进行跟踪分析，再按一次则停止跟踪，

— 187 —

如果跟踪区域出现了偏移，将播放指针移到出现偏移的关键帧处，在"图层"面板中将偏移的跟踪区域重新进行调整，按下"向前分析"按钮继续跟踪，直到跟踪到完全正确的位置，如图18-6所示。

6）在对跟踪结果满意之后，单击"应用"按钮，此时会弹出"动态跟踪器应用选项"对话框，确认跟踪数据的"应用维度"，选择"X和Y"，在平面范围内应用跟踪数据，单击"确定"按钮，便将正确的跟踪结果应用到视频素材上，如图18-7所示。

图18-6　跟踪轨迹

图18-7　"动态跟踪器应用选项"对话框

7）系统自动切换到"合成"窗口，此时拖动时间线指针观察，发现画面稳定了，但画面的周围不时地出现合成的背景颜色。

8）选中该图层，按<Ctrl+Shift+C>组合键进行预合成，在弹出的"预合成"对话框中选择第2项，单击"确定"按钮，时间线上出现了一个预合成，如图18-8所示。

图18-8　"预合成"设置

9）选中该合成图层，按<S>键进行缩放属性设置，调整"缩放"的值为120%，使其不再透出合成的背景颜色。

10）预览效果：单击"预览"面板中的"播放"▶按钮进行效果预览。

11）渲染输出：若对预览效果感到满意，可以执行"合成"→"添加到渲染队列"命令，在"渲染队列"面板中单击"输出到："右侧的文件名，在弹出的"将影片输出到："对话框中设置影片名称和保存位置，单击"保存"按钮；单击左下角"输出模块："右侧的"无损"按钮，在弹出的"输出模块设置"对话框中单击"格式"右侧的下拉按钮，设置视频的输出格式为FLV格式，单击"确定"按钮退出对话框，单击"渲染"按钮进行渲染。

12）保存项目文件：执行"文件"→"整理工程（文件）"→"收集文件"命令，完成项目文件保存工作。

项目拓展

《瞄准》——动态跟踪马赛克特效应用

本项目通过"马赛克特效"设置、"轨道遮罩"设置和"位置跟踪"应用，实现动态跟踪马赛克效果。本项目要用到纯色层的建立、轨道遮罩的设置、位置跟踪应用等知识点。项目的制作效果如图18-9所示。

图18-9 《瞄准》制作效果

制作步骤如下

（1）导入素材

启动 AE CC 软件，在项目窗口中，导入"007.mov"素材。

（2）建立合成

将项目窗口中的"007.mov"素材拖拽到项目窗口下方的"新建合成" 按钮上，就建立了一个与视频素材大小一致的合成。

（3）建立纯色层

执行菜单命令"图层"→"新建"→"纯色"，弹出"纯色设置"对话框。在"纯色设置"对话框中，设置宽度为 50 像素，高度为 50 像素，颜色为白色，如图 18-10 所示，单击"确定"按钮。

（4）设置纯色层动态跟踪人物的运动

1）单击选定时间线上"007.mov"图层，将时间指针移到 1 秒处，此时人物出现在屏幕右边。

2）执行菜单命令"动画"→"跟踪运动"，就自动切换到"图层：007.mov"窗口，在该图层窗口中，单击"跟踪点"图标，放大"跟踪点"图标的外框，鼠标放到"跟踪点"图标上，待出现 4 个方向箭头图标时，拖拽跟踪点特征到人物的脸上。

3）在屏幕右下角的"跟踪器"窗口中，单击"选项"按钮，勾选"每帧上的自适应特性"选项，如图18-11 所示。

图18-10 "纯色设置"对话框　　图18-11 勾选"每帧上的自适应特性"选项

4)单击"跟踪器"窗口中的"向前分析"按钮进行跟踪分析。分析完成后,单击"跟踪器"窗口中的"应用"按钮。完成跟踪后,自动切换到"合成"窗口中。

(5)设置轨道遮罩效果

单击选定时间线上的"007.mov"图层,设定该层的"轨道遮罩"属性为"Alpha 遮罩",如图 18-12 所示。

(6)设置马赛克效果

鼠标右击时间线上的"007.mov"图层,在

图18-12　设置轨道遮罩

弹出的快捷菜单中,执行"效果"→"风格化"→"马赛克"命令。在打开的"效果控件"面板中设置马赛克"水平块"和"垂直块"参数值,如图 18-13 所示。或者执行"效果"→"模糊与锐化"→"高斯模糊"命令,实现人物面部的模糊效果,参数设置如图 18-14 所示。

图18-13　设置马赛克参数　　　　　图18-14　设置高斯模糊参数

(7)添加背景

将项目窗口中的"007.mov"素材拖拽到时间线的最下层。

(8)预览效果

单击"预览"窗口中的"播放"按钮预览效果。

(9)渲染输出

若对预览效果感到满意,可以执行菜单命令"合成"→"添加到渲染队列",在渲染队列面板中单击"输出到:"右侧的文件名,在弹出的对话框中设置影片名称和保存位置,单击"保存"按钮;单击左下角"输出模块:"右侧的"无损",在弹出的对话框中单击格式右侧的下拉按钮,设置视频的输出格式为 FLV 格式,单击"确定"按钮退出对话框,单击"渲染"按钮进行渲染。

(10)保存项目文件

执行菜单命令"文件"→"整理工程(文件)"→"收集文件",完成项目文件保存工作。

第 9 单元
转场及其他特效

项目 19　转场特效应用

学习目标

1）掌握转场特效的设置方法。
2）掌握预设过渡特效的设置方法。

知识准备

1. 特效的添加与设置

添加特效是创建效果的基础。在 AE CC 中添加特效的方法主要有两种：一种是执行菜单命令"效果"中的特效区域命令来实现添加效果；另一种可通过"效果和预置"面板进行添加。对素材添加特效后通过设置特效参数，可调整特效效果，从而展现丰富的渲染效果。对特效的设置主要可以分为 4 类，对带有下画线、带坐标、带角度控制器和带颜色拾取器等参数的设置。如果要设置特效动画，一般为特效属性制作动画效果有两种方法，一种是创建属性关键帧；另一种是通过创建表达式制作动画。

2. 转场特效

使用 AE CC 制作转场特效可以对素材进行调节透明度变化或者添加过渡特效来制作。过渡特效主要用来实现转场，在 AE CC 中的转场特效与其他非线性编辑软件中的转场特效不同，如 Premiere、Final Cut Pro 等。其他软件的转场特效是作用在镜头与镜头之间的，而 AE 中的转场是作用在图层上的。AE CC 中的过渡特效命令，如图 19-1 所示，如果 AE

CC中预置了过渡特效，可以在"效果和预设"面板中展开"动画预设"→"过渡转场－划变"或"过渡转场－叠化"选项，双击某个预设好的转场特效，直接使用，如图19-2所示。

图19-1 过渡特效命令   图19-2 预设的转场特效

3. 百叶窗

模拟百叶窗一样的转场效果。"百叶窗"过渡特效参数设置，如图19-3所示。

1）过渡完成：完成"百叶窗"过渡的程度，需要设置关键帧才能完成动画过程。
2）方向：百叶窗的方向。
3）宽度：百叶窗条状的宽度。
4）羽化：可以设置边缘的羽化值。

4. 渐变擦除

依据渐变图层的形状实现过渡效果。"渐变擦除"过渡特效参数设置，如图19-4所示。

1）过渡完成：完成"渐变擦除"过渡的程度，需要设置关键帧才能完成动画过程。
2）过渡柔和度：设置过渡的柔和程度。
3）渐变图层：设定要依据的渐变图层，依据该图形进行渐变擦除。
4）渐变位置：包括"伸缩渐变以适合""中心渐变""拼贴渐变"。
5）反转渐变：勾选"反转渐变"实现反转方向。

图19-3 "百叶窗"过渡特效设置   图19-4 "渐变擦除"过渡特效设置

5. 径向擦除

以时钟旋转的方式实现擦除过渡效果。"径向擦除"过渡特效参数设置，如图19-5所示。

1）过渡完成：完成"径向擦除"过渡的程度，需要设置关键帧才能完成动画过程。
2）起始角度：可以设置擦除的开始和结束时的角度。
3）擦除中心：设置旋转的中心。
4）擦除：擦除时旋转的方向，包括顺时针、逆时针和两者兼有。
5）羽化：设置擦除时的羽化值。

6. CC Glass Wipe

玻璃划像过渡特效主要功能是在原图像上添加一种模拟玻璃映射图像的效果，通过创建动画制作过渡效果。"CC Glass Wipe"特效参数设置，如图19-6所示。

图19-5 "径向擦除"过渡特效设置

图19-6 "CC Glass Wipe"特效设置

1）Completion：完成玻璃划像过渡的程度，需要设置关键帧才能完成动画过程。
2）Layer to Reveal：设置要显示的图层。
3）Gradient Layer：设置渐变层。
4）Softness：柔和度设置。
5）Displacement Amou：置换数量。

7. CC Jaws

锯齿划像过渡特效主要功能是在原图像中制造齿轮裂缝，用来模拟鲨鱼舞动牙齿的效果。"CC Jaws"特效参数设置，如图19-7所示。

1）Completion：完成锯齿划像过渡的程度，需要设置关键帧才能完成动画过程。
2）Center：设置渐变的中心。
3）Direction：设置方向。
4）Height：设置高度。
5）Width：设置宽度。
6）Shape：设置锯齿的形状。

8. CC light Wipe

光线划像特效主要的功能是模拟光线在原图像前面加个光线折射图形的擦拭效果。"CC Light Wipe"特效参数设置，如图19-8所示。

1）Completion：完成光线划像过渡的程度，需要设置关键帧才能完成动画过程。
2）Center：设置渐变的中心。
3）Intensity：设置强度。
4）Shape：设置渐变的形状。
5）Direction：设置方向。
6）Color：设置光线的颜色。
7）Reverse Transition：勾选该项时，设置反转渐变。

图19-7 "CC Jaws"过渡特效设置

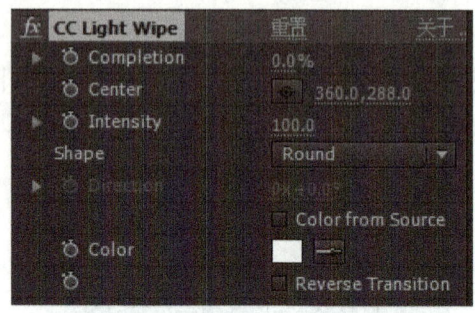

图19-8 "CC Light Wipe"特效设置

项目实施

《时装表演》——转场特效应用

本项目通过添加转场特效动画，制作电子相册。项目的制作效果，如图19-9所示。

图19-9 《时装表演》制作效果

制作步骤如下

1）新建合成：启动AE CC软件，执行"合成"→"新建合成"命令，在打开的"合成设置"对话框中，"合成名称"命名为"时装表演"，设置合成的"预设"为"自定义"，尺寸为"720像素×576像素"，"像素长宽比"为"方形像素"，"帧速率"为"25帧/秒"，"持续时间"为10秒。

2）导入素材：在"项目"窗口中双击，在打开的"导入文件"对话框中，选择所有的图片素材。

3）素材入轨：将"项目"窗口中"人物1.jpg"～"人物5.jpg"拖到时间线上，将时间指针移到第2秒处，框选5个图片图层，按<Alt+]>组合键，使得每个图片的时长为2秒。由于图片尺寸都比较大，框选5个图片图层，按<S>键，展开缩放属性，设置为40%，如图19-10所示。

图19-10　设置图片的时长及缩放属性

4）将"人物1.jpg"的入点置于第0秒处；"人物2.jpg"的入点置于1秒第5帧处；"人物3.jpg"的入点置于2秒第10帧处；"人物4.jpg"的入点置于3秒第15帧处；"人物5.jpg"的入点置于4秒第20帧处。

5）单击选定"人物2.jpg"图层，将时间指针置于其入点，即1秒第5帧处，执行"效果"→"过渡"→"线性擦除"命令，在"效果控件"面板中"擦除角度"为130°，"羽化"为120，单击"过渡完成"左边的"钟表"按钮，启动"过渡完成"关键帧并设定"过渡完成"为100%，如图19-11所示。将时间指针置于1秒第20帧处，将"过渡完成"设为0%。

6）单击选定"人物3.jpg"图层，将时间指针置于其入点，即2秒第10帧处，执行"效果"→"过渡"→"百叶窗"命令，在"效果控件"面板中"宽度"为120，单击"过渡完成"左边的"钟表"按钮，启动"过渡完成"关键帧并设定"过渡完成"为100%，如图19-12所示。将时间指针置于第3秒处，将"过渡完成"设为0%。

图19-11　线性擦除设置

图19-12　"百叶窗"过渡特效设置

7）单击选定"人物 4.jpg"图层，将时间指针置于其入点，即 3 秒第 15 帧处，执行"效果"→"过渡"→"径向擦除"命令，在"效果控件"面板中"羽化"为 25，单击"过渡完成"左边的"钟表"按钮，启动"过渡完成"关键帧并设定"过渡完成"为 100%，如图 19-13 所示。将时间指针置于 4 秒第 5 帧处，将"过渡完成"设为 0%。

8）单击选定"人物 5.jpg"图层，将时间指针置于其入点，即 4 秒第 20 帧处，执行"效果"→"过渡"→"CC Glass Wipe"命令，在"效果控件"面板中，单击"Completion"左边的"钟表"按钮，启动"过渡完成"关键帧并设定"Completion"为 100%，如图 19-14 所示。将时间指针置于 5 秒第 10 帧处，将"Completion"设为 0%。

图19-13 "径向擦除"过渡特效设置

图19-14 "CC Glass Wipe"过渡特效设置

9）确定渲染区域：拖动时间线上的"工作区域"滑块，拖到"00：00：6：22"处，确保渲染区域中不至于有空白内容。

10）预览效果：单击"预览"窗口中的"播放" ▶ 按钮，进行效果预览。

11）渲染输出：若对预览效果感到满意时，可以执行"合成"→"添加到渲染队列"命令，在"渲染队列"面板中单击"输出到："右侧的文件名，在弹出的"将影片输出到："对话框中设置影片名称和保存位置，单击"保存"按钮，单击左下角"输出模块："右侧的"无损"按钮，在弹出的"输出模块设置"对话框中单击"格式"右侧的下拉按钮，设置视频的输出格式为 FLV 格式，单击"确定"按钮退出对话框，单击"渲染"按钮进行渲染。

12）保存项目文件：执行"文件"→"整理工程（文件）"→"收集文件"命令，完成项目文件保存工作。

项目拓展

《更换天空》——跟踪与转场特效应用

本项目通过"线性擦除"特效设置及"位置跟踪"的应用，实现更换天空的效果，随着物体的动态运动，静态的天空图像也跟踪着运动物体同步运动。项目的制作效果如图 19-15 所示。

第 9 单元　转场及其他特效

图19-15 《更换天空》制作效果

制作步骤如下

1）启动 AE CC 软件，在项目窗口中导入"划船.mp4"和"天空.jpg"素材。

2）将项目窗口中的"划船.mp4"素材拖拽到项目窗口下方的"新建合成"按钮上，就建立了一个与视频素材大小一致的合成。

3）将项目窗口中的"天空.jpg"素材拖拽到时间线上"划船.mp4"层的上方。由于"天空"图片较小，要跟踪动态物体做同步运动，因此，要对"天空"图片进行缩放。展开"天空"图层的"变换"属性，单击"缩放"属性中的按钮，取消"约束比例"，然后修改"横向"与"纵向"参数分别为（300,200），如图 19-16 所示。

图19-16 "天空"图层的"缩放"属性参数设置

4）单击选定时间线上的"天空"图层，右击该图层，在快捷菜单中，执行"效果"→"过渡"→"线性擦除"命令，在"效果控件"窗口中，设置"擦除角度"为0°，"过渡完成"为75%，"羽化"为50，如图 19-17 所示。

5）设置天空跟踪运动源做同步运动。

图19-17 "效果控件"窗口中的参数设置

由于"天空"图片是静态的,为了模拟真实的效果,需要设置位置跟踪。

单击选定时间线上的运动源"划船.mp4"图层,执行菜单命令"动画"→"跟踪运动",就打开了"图层:划船.mp4"窗口,如图19-18所示,窗口中出现"跟踪点"标识。在屏幕上同时打开"跟踪器"窗口,如图19-19所示。

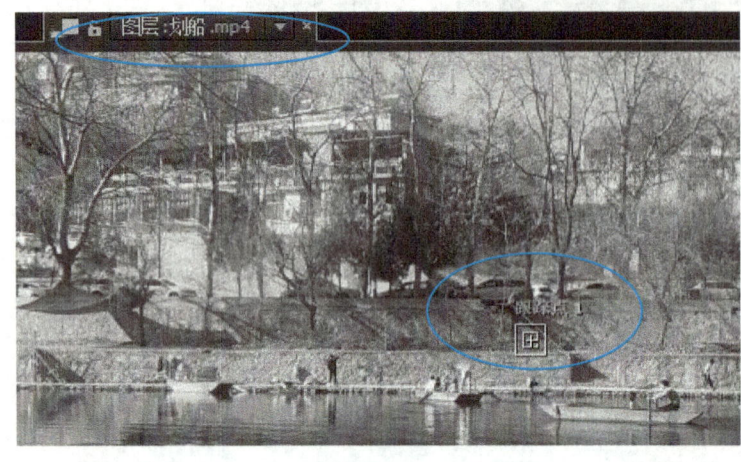

图19-18 "图层:划船.mp4"窗口　　　　图19-19 "跟踪器"窗口

6)单击"图层:划船.mp4"窗口中的跟踪点,将外框(搜索区域)放大,内框(特征区域)缩小,鼠标移动到特征点上,变成四个箭头的图标时,将跟踪点拖拽到某个运动的船体上,如图19-20所示。

7)单击"跟踪器"窗口中的"选项"按钮,出现如图19-21所示的"动态跟踪器选项"窗口,勾选"每帧上的自适应特性",单击"确定"按钮。

图19-20 拖拽跟踪点位置　　　　图19-21 "动态跟踪器选项"窗口

8)单击"跟踪器"窗口中的"向前分析"按钮 进行自动跟踪。如果出现跟踪丢失,可以手动设置跟踪。当跟踪完成后,单击"跟踪器"窗口中的"应用"按钮,单击"确定"按钮。

9）切换到"合成"窗口后，单击"预览"窗口中的"播放"按钮 预览效果。

10）渲染输出。若对预览效果感到满意，可以执行菜单命令"合成"→"添加到渲染队列"，在渲染队列面板中单击"输出到："右侧的文件名，在弹出的对话框中设置影片名称和保存位置，单击"保存"按钮；单击左下角"输出模块："右侧的"无损"，在弹出的对话框中单击格式右侧的下拉按钮，设置视频的输出格式为 FLV 格式，单击"确定"按钮退出对话框，单击"渲染"按钮进行渲染。

11）保存项目文件。执行菜单命令"文件"→"整理工程（文件）"→"收集文件"，完成项目文件保存工作。

项目 20　图层样式及碎片特效应用

学习目标

1）掌握图层样式的设置方法。
2）掌握碎片特效的设置方法。
3）掌握矢量模糊特效的设置方法。

知识准备

1. 图层样式

Photoshop提供了各种图层样式（如阴影、发光和斜面）来更改图层的外观。在导入 Photoshop 图层时，AE CC 可以保留这些图层样式，也可以应用图层样式并为其属性制作动画。可以在 AE CC 中复制并粘贴任何图层样式。除了添加视觉元素的图层样式（如投影或颜色叠加）之外，每个图层的"图层样式"属性组还包含"混合选项"属性组。可以使用"混合选项"设置来实现强大而灵活的控制。"图层样式"属性，如图 20-1 所示。

投影
内阴影
外发光
内发光
斜面和浮雕
光泽
颜色叠加
渐变叠加
描边

图20-1　图层样式属性

1）投影：添加落在图层后面的阴影。
2）内阴影：添加落在图层内容中的阴影，从而使图层具有凹陷外观。
3）外发光：添加从图层内容向外发出的光线。
4）内发光：添加从图层内容向里发出的光线。
5）斜面和浮雕：添加高光和阴影的各种组合。
6）光泽：应用创建光滑光泽的内部阴影。

7）颜色叠加：使用颜色填充图层的内容。

8）渐变叠加：使用渐变填充图层的内容。

9）描边：描画图层内容的轮廓。

要将合并的图层样式转换为可编辑图层样式，选择一个或多个图层，然后执行"图层"→"图层样式"→"转换为可编辑样式"命令；要将图层样式添加到所选图层中，执行"图层"→"图层样式"命令，然后从菜单中选择图层样式。要删除图层样式时，在"时间轴"面板中选择图层样式，然后按<Delete>键。要删除所选图层中的所有图层样式，执行"图层"→"图层样式"→"全部移除"命令。

2．碎片特效

碎片特效可以模仿物体爆炸的过程，它可以控制物体的爆破次序、碎片形状、碎片材质、场景灯光、摄像机位置等属性。选择要添加爆破特效的图层，执行"效果"→"模拟"→"碎片"命令，打开特效控制面板，如图20-2所示。

图20-2 "碎片"特效

1）视图：控制预览的显示方式。"已渲染"显示特效最终效果；"线框"是以线框方式显示，这种方式可加快预览过程；"线框＋作用力"，此方式下，系统可在"合成"窗口中显示爆炸的受力状态。

2）渲染：包括3个选项，"全部"表示可以将破碎后的粒子和残余物体一起渲染；"图层"表示将破碎后的粒子和残余物体单独渲染；选择"块"只渲染破碎后的粒子，或只渲染残余物体。

3）形状：碎片形状控制。该效果内置众多的碎片形状，也可以自定义碎片的形状。

① 图案：多种碎片形状图案。

② 白色拼贴已修复：可以使用白色平衡的适配功能。

③ 重复：碎片的重复数目。数值越大，则碎片越多。

④ 方向：爆炸的角度。

⑤ 源点：碎片裂纹的开始位置。可以在"合成"窗口中拖动效果点来改变位置。

⑥ 凸出深度：碎片厚度。数值越大，碎片越厚。

4）作用力1/作用力2：定义使物体破碎的外力，默认状态下，系统仅使用作用力1。

① 位置：定义在XY平面上的位置。

② 深度：定义在Z轴上的位置。

③ 半径：控制力的半径。数值越大，半径越大，目标受力面积也越大，半径为0时，目标不发生任何变化。

④ 强度：控制爆炸强度。数值越大，碎片飞散越远，数值为负时，飞散的方向与正值时相反。强度为0时，不产生飞散的碎片。但是在力的半径范围内的目标会受到重力

影响。

5) 渐变：该参数栏可以指定一个渐变图层，利用该图层的明暗渐变来控制粒子的运动方式，该参数不影响碎片形状，只影响爆炸效果。

① 渐变图层：指定一个层为爆炸渐变层。

② 碎片阈值：设置爆炸的阈值。

③ 反转渐变：复选该选项，则反转渐变层。

6) 物理学：在该参数栏中可以对爆炸的旋转速度、翻滚坐标及重力等进行设置，如图20-3所示。

① 旋转速度：控制爆炸产生碎片的旋转速度。数值为0时，碎片不会翻滚旋转，数值越大，旋转速度越快。

② 倾覆轴：设置爆炸后的碎片如何翻滚旋转。默认为"自由"翻滚，选择"无"，则不产生翻滚。

③ 随机性：控制碎片飞散的随机值。较高的值产生不规则的、凌乱的碎片飞散效果。

④ 粘度：控制碎片的粘度。较高的值使碎片聚集在一起。

⑤ 大规模方差：控制爆炸碎片集中的百分比。

⑥ 重力：给爆炸施加一个重力。爆炸产生的碎片会受到重力的影响，根据重力的方向坠落，取决于"重力方向"参数的设置。

⑦ 重力方向：重力的角度。

⑧ 重力倾向：为重力设置一个倾斜度。

7) 纹理：对碎片的颜色、纹理贴图进行设置，如图20-4所示。

图20-3 碎片特效的"物理学"参数

图20-4 碎片特效的"纹理"设置参数

颜色：控制碎片的颜色。默认情况下，碎片使用当前图层的图像作为贴图，如果要使用设置的颜色，必须在"正面模式""侧面模式""背面模式"下拉列表中选择所要使用的颜色。如果选择"着色图层"，系统在当前图像基础上，根据设定的颜色对其进行色彩处理后作为碎片贴图。"颜色＋不透明度""图层＋不透明度""着色图层＋不透明度"选项，则根据"不透明度"参数栏中的不透明度设置，对碎片进行半透明处理。当以图层上的图像作为碎片贴图时，可以在"正面模式"或"背面模式"下拉列表中为碎片的不同面指定合成图像中的一个层作为贴图。

8）摄像机系统：可以控制特效中所使用的摄像机系统。选择不同的摄像机，则效果也不同。

① 摄像机位置：选择该方式后，由"摄像机位置"参数栏控制的特效摄像机观察效果。

② 边角定位：选择该方式后，由"边角定位"参数栏的边角控制参数控制效果。

③ 合成摄像机：选择该方式后，则由合成图像中的摄像机进行控制。当特效层为3D层时，建议使用"合成摄像机"，使用该模式，必须确保合成图像中已经建立摄像机。

9）摄像机位置：当摄像机系统选择"摄像机位置"，该参数栏被激活。

① X、Y、Z轴旋转：控制摄像机在X、Y、Z轴上的旋转角度。

② X、Y、Z轴位置：控制摄像机在三维空间中的位置属性。可以在参数栏中设置摄像机位置，也可以在"合成"窗口中拖动摄像机控制点位置。

③ 焦距：可以控制摄像机焦距。

④ 变换顺序：在其下拉列表中可以选择摄像机的变化顺序。

10）边角定位：当摄像机系统选用"边角定位"后，该参数栏被激活。系统在层的4个角产生控制点。通过控制点，改变层形状。

① 左（右）上（下）角：分别控制上下左右4个控制点的位置。可以调整控制点参数，也可以在合成窗口中选择控制点，按住鼠标左键拖动其位置进行调整。

② 焦距：控制焦距。

11）灯光：控制特效中所使用的灯光参数，如图20-5所示。

12）材质：控制特效中素材的材质属性，如图20-6所示。

图20-5　碎片特效的"灯光"参数

图20-6　碎片特效的"材质"参数

项目实施

《天涯来客》——墙体脱落显露文字

本项目实现墙体从左到右逐渐剥落并露出文字的效果。利用图层样式制作出文字内嵌于墙体的效果，利用碎片特效制作裂缝及文字从左到右的爆炸剥落效果，利用合成嵌套和轨道遮罩制作墙体逐渐剥落露出内嵌文字的动画，对碎片设置阴影和模糊效果，实现墙体剥落的逼真效果。项目的制作效果，如图20-7所示。

第 9 单元　转场及其他特效

图20-7　《天涯来客》制作效果

制作步骤如下

1）启动 AE CC 软件，导入素材"墙 .jpg"和"纹理 .tga"。导入时，弹出"解释素材"对话框，单击"猜测"按钮，让系统选择，如图 20-8 所示。

2）新建合成：将"项目"窗口中的"墙 .jpg"拖拽到"项目"窗口底部的"新建合成"按钮上，建立一个与素材"墙 .jpg"大小一致的合成，执行"合成"→"合成设置"命令，在打开的"合成设置"对话框中，将"持续时间"设为 10 秒。

3）在时间线上，单击🔒，锁定"墙 .jpg"图层。

4）单击"工具"面板中的 T "文字工具"，在"合成"窗口中单击，输入"天涯来客"，设置字体为"华文新魏"、颜色为"白色"、字号为 120、仿粗体，将文字置于"合成"窗口的中间，如图 20-9 所示。

图20-8　"解释素材"对话框　　　图20-9　"合成"窗口的文字显示

5）将"项目"窗口中的"纹理 .tga"素材拖拽到时间线上"天涯来客"的下方，如图 20-10 所示。

图20-10　添加纹理图层

— 203 —

6）将文字层及纹理层进行预合成：单击选定时间线上的"天涯来客"及"纹理.tga"，按<Ctrl+Shift+C>组合键进行预合成，在弹出的"预合成"对话框中，将"新合成名称"改为"文字"，勾选"打开新合成"复选框，单击"确定"按钮，如图20-11所示。这样就自动打开了"文字"合成。

7）将"文字"合成中的文字及纹理设置为同一颜色：执行"图层"→"新建"→"调整图层"命令。选中调整图层，执行"效果"→"生成"→"填充"命令，在"效果控件"面板中设置颜色为RGB（73，73，73），如图20-12所示。

图20-11 "预合成"对话框

图20-12 设置调整图层

8）切换到"墙"合成，感觉文字是漂浮在墙上的。

9）制作文字内刻到墙体中的效果：选中文字图层，将图层"模式"设置为"相乘"。鼠标右键单击文字图层，在弹出的菜单中执行"图层样式"→"内阴影"命令。再次右击文字图层，执行"图层样式"→"斜面和浮雕"命令，展开图层属性中的"斜面和浮雕"选项，将"样式"设置为"外斜面"，"方向"为"向下"，"大小"为2，如图20-13所示。

10）解锁并选中墙体图层，执行"编辑"→"重复"命令，或者按<Ctrl+D>组合键复制一个图层，将其拖到顶层。再将"项目"窗口中的"文字"合成拖拽到时间线的最上层，如图20-14所示（此处新拖入的"文字"合成图层没有图层样式效果）。

11）选中新拖入的"文字"合成层和墙体层，按<Ctrl+Shift+C>组合键进行预合成，在"预合成"对话框中将"新合成名称"改为"粒子"，选择第2个选项，并勾选"打开新合成"复选框。单击"确定"按钮，如图20-15所示。

第 9 单元　转场及其他特效

图20-13　设置文字的图层样式

图20-14　添加新图层　　　　图20-15　建立"粒子"合成

12）在新打开的"粒子"合成中，设置墙图层的"轨道遮罩"为"Alpha 遮罩'文字'"，如图 20-16 所示。

图20-16　设置墙图层的"轨道遮罩"

— 205 —

13）制作粒子爆炸效果：在时间线的空白处右击，在弹出的快捷菜单中执行"新建"→"调整图层"命令，建立一个调整图层。选中刚建立的调整图层，执行"效果"→"模拟"→"碎片"命令，在"效果控件"面板中设置"视图"为"已渲染"，拖动指针会发现文字被炸成碎片，如图20-17所示。

图20-17　添加"碎片"特效

14）调整粒子的状态：在特效控制面板中，将"形状"选项下的"图案"设为"玻璃"，"重复"为55，"凸出深度"为0.1。

为了使纹理和文字逐个破碎并且碎片向下落，设置"作用力1"选项下的"深度"为0.05，"半径"为0.2，"强度"为0.4。将时间线指针置于第0帧，将"位置"X轴数值设置为-15，使得作用力处于"合成"窗口的左侧。启动"位置"关键帧，将时间指针置于第7秒，将"位置"X轴数值设置为786，使得作用力处于"合成"窗口的右侧，这样作用力从左到右进行移动。

为了使得碎片下落更为真实，设置"物理学"选项下的"旋转速度"为1，"随机性"为1，这样碎片在下落过程中随机进行旋转。

15）制作碎片在剥落过程中，碎片掉落后出现文字，而不是先显示出要爆炸的文字：将"渲染"改为"块"，就可以实现只显示剥落的碎片而不显示原先的纹理和文字。

16）切换到"墙"合成，拖动指针会发现碎片在不断剥落，但是在剥落的过程中，剥落后的文字一直处于显示状态，制作要求是剥落碎片的同时显示出剥落文字，需要调整。

17）在"项目"窗口中，选中合成"粒子"，按<Ctrl+D>组合键进行复制，重命名复制出的"粒子"合成名称为"文字蒙版"，如图20-18所示。

18）双击"项目"窗口中的"文字蒙版"合成，选中调整图层，在"效果控件"面板中，设置"作用力1"选项下的"强度"为0，"物理学"下的"旋转速度""随机性""粘度""重力"等参数均设为0，使得碎片不再下落，呈现出随着指针拖动逐步出现文字的效果，如图20-19所示。

图20-18 "项目"窗口复制粒子合成并重命名

图20-19 调整"碎片"参数

19)切换到"墙"合成中,将"项目"窗口中的"文字蒙版"合成拖拽到"文字"图层之上,设置文字图层的轨道遮罩为"Alpha 遮罩'文字蒙版'",拖动时间线指针,会发现随着碎片剥落,逐渐显示出墙体上的内刻文字,如图 20-20 所示。

图20-20 设置文字层的轨道遮罩

20)此时的碎片效果不明显,需要添加阴影效果。选中"粒子"图层,按<Ctrl+D>组合键复制出一个粒子图层。选中下层的粒子图层,执行"效果"→"生成"→"填充"命令,在"效果控件"面板中,设置"颜色"为"黑"色。执行"效果"→"模糊与锐化"→"CC Vector Blur(矢量模糊)"命令,在效果控件面板中设置"Type"为 Direction Fading,设置"Amount"为 10,则碎片的光影效果比较明显,如图 20-21 所示。

图20-21 制作碎片的阴影效果

21)预览效果:单击"预览"面板中的"播放"按钮,进行效果预览。

22)渲染输出:若对预览效果感到满意时,可以执行"合成"→"添加到渲染队列"命令,在"渲染队列"面板中单击"输出到:"右侧的文件名,在弹出的"将影片输出到:"对话框中设置影片名称和保存位置,单击"保存"按钮;单击左下角"输出模块:"右侧的"无损"按钮,在弹出的"输出模块设置"对话框中单击"格式"右侧的下拉按钮,设置视频的输出格式为 FLV 格式,单击"确定"按钮退出对话框,单击"渲染"按钮进行渲染。

23)保存项目文件:执行"文件"→"整理工程(文件)"→"收集文件"命令,完成项目文件的保存工作。

项目拓展

《欢度节日》——绚丽扫光文字制作

本项目利用渐变、碎片、发光、镜头光晕特效,制作绚丽的文字,烘托节日的祥和气氛。项目的制作效果,如图20-22所示。

图20-22 《欢度节日》制作效果

制作步骤如下

1)新建合成:启动AE CC软件,执行"合成"→"新建合成"命令,在打开的"合成设置"对话框中,"合成名称"命名为"背景",设置合成的"预设"为"PAL D1/DV","持续时间"为10秒。

2)执行"文件"→"保存"命令,保存项目文件名称为"绚丽扫光文字"。

3)新建一个纯色层。执行"图层"→"新建"→"纯色层"命令,在打开的新建纯色层的"纯色设置"对话框中,纯色层"名称"命名为"背景层"。

4)选中"背景层",执行"效果"→"生成"→"梯度渐变"命令,在"效果控件"面板中,设置"渐变起点"的位置为(350,-170),"起始颜色"中的R、G、B设为(2,10,5),"渐变终点"位置设为(350,270),"结束颜色"中的R、G、B设为(255,44,81),"渐变形状"设为"线性渐变",如图20-23所示。

5)按<Ctrl+N>组合键,创建一个"预设"为"PAL D1/DV"的合成,"合成名称"设为"文字",设置"持续时间"为10秒。

6)执行"图层"→"新建"→"文本"命令,输入"欢度节日",在"字符"面板中设置字体为"经典繁毛楷",字体大小为"120像素",选择"在填充上描边","描边宽度"为1,"垂直缩放"为100%,"水平缩放"为120%,"字符"面板设置如图20-24所示。

7)按<Ctrl+N>组合键,创建一个"预设"为"PAL D1/DV"的合成,"合成名称"设为"渐变参考",设置"持续时间"为10秒。

8)执行"图层"→"新建"→"纯色层"命令,在打开的新建纯色层的"纯色设置"对话框中,纯色层"名称"命名为"渐变层"。

9)选中"渐变层",执行"效果"→"生成"→"梯度渐变"命令,在"效果控件"面板中,设置"渐变起点"的位置为(0,300),"渐变终点"位置设为(720,300),"渐变形状"设为"线性渐变",如图20-25所示。

图20-23 "梯度渐变"特效设置　　图20-24 "字符"面板设置

图20-25 "渐变层"渐变特效设置

10）切换到"背景"合成中，将"项目"窗口中"文字"合成和"渐变参考"合成拖拽到"背景层"的上方，同时隐藏"渐变参考"层的显示，如图20-26所示。

图20-26 图层排列

11）选中"文字"图层，执行"效果"→"模拟"→"碎片"命令，在"效果控件"面板中，设置"视图"为"已渲染"，将"渲染"设为"全部"，展开"形状"选项，将"图案"设为"玻璃"，将"重复"设为70，展开"渐变"选项，将"碎片阈值"设为25%，将"渐变图层"设置为"渐变参考"，勾选"反转渐变"复选框，如图20-27所示。

12）将时间指针移到第0秒位置，分别打开"作用力1"下的"位置"，"渐变"下的"碎片阈值"，"物理学"下的"重力"和"重力方向"左侧的码表，设置"位置"关键帧第0秒时为（100，270），第3秒为（625，320），"碎片阈值"第0秒为0%，在第3秒为100%，"重力"在第0秒处为0，第3

图20-27 设置"碎片"特效

秒时为5，"重力方向"在第0秒处为（2，0），在第3秒处为（0，180），如图20-28和图20-29所示。设置"作用1"参数后的效果，如图20-30所示。

13）为了增强爆炸效果，添加Shine发光特效：选中"文字"图层，执行"效果"→"Trapcode"→"Shine"命令。展开"Pre-Process"（预处理），勾选Use Mask（使用遮罩）复选框，将Ray Length（射线长度）设置为6，Boost Light（光的亮度）设置为1，展开Colorize（色调值），将Colorize设置为One Color，将Color的颜色选为黄色，Blend Mode（转换模式）设置为Overlay（叠加模式），如图20-31所示。

图20-28　第0秒参数设置

图20-29　第3秒参数设置

图20-30　设置"作用力1"参数后的效果

图20-31　"Shine"发光特效参数设置

注意：Shine发光特效是一个插件，可以从网上下载。如果下载的插件是一个.aex文件，可以复制到AE CC安装目录的Plug-ins目录之下即可；如果下载的是.exe安装文件，可以双击执行这个文件，进行自动安装。

14）设置动画：将时间指针置于第 0 秒处，展开"Pre-Process"（预处理）选项，打开 Mask Radius（遮罩半径）和 Source Point（目标点）左侧的"钟表"按钮，启动关键帧，设置 Mask Radius（遮罩半径）为 0，Source Point（目标点）设置为（100，70）；指针移到第 3 秒处，设置 Mask Radius（遮罩半径）为 250，Source Point（目标点）设置为（507，270），光线动画效果如图 20-32 所示。

15）添加光晕效果。按 <Ctrl+Y> 组合键新建一个黑色纯色层，"名称"为"光晕"，选中"光晕"图层，在时间线上将"模式"改为"叠加"模式，如图 20-33 所示。

图20-32　光线动画效果

图20-33　改变图层"模式"

16）执行"效果"→"生成"→"镜头光晕"命令，添加一个镜头光晕效果，将时间指针移到第 6 帧处，启动光晕中心关键帧，设置闪光点的位置为（85，263），指针移到 2 秒第 17 帧，设置为（595，263），由于第 6 帧之前素材和 2 秒第 17 帧之后的素材都是多余的，可以分别按 <Alt+[> 和 <Alt+]> 组合键将多余的部分删除。

17）拖动时间线上的工作区域结尾按钮到 2 秒第 17 帧处，确定渲染时长。

18）渲染输出：若对预览效果感到满意时，可以执行"合成"→"添加到渲染队列"命令，在"渲染队列"面板中单击"输出到："右侧的文件名，在弹出的"将影片输出到："对话框中设置影片名称和保存位置，单击"保存"按钮；单击左下角"输出模块："右侧的"无损"按钮，在弹出的"输出模块设置"对话框中单击"格式"右侧的下拉按钮，设置视频的输出格式为 FLV 格式，单击"确定"按钮退出对话框，单击"渲染"按钮进行渲染。

19）保存项目文件：执行"文件"→"整理工程（文件）"→"收集文件"命令，完成项目文件的保存工作。

第 10 单元 综合应用

项目 21 《小荷才露尖尖角》——片头制作

学习目标

1) 掌握合成的嵌套方法。
2) 掌握分形杂色特效的设置方法。
3) 掌握颜色校正特效的设置方法。
4) 掌握模糊与锐化特效的设置方法。

本项目通过烟雾文字的制作、合成的嵌套,掌握分形杂色特效设置、颜色校正特效设置、模糊与锐化特效设置等方法。综合运用这些特效,掌握片头制作的技巧。项目制作效果如图 21-1 所示。

图21-1 《小荷才露尖尖角》制作效果

制作步骤如下

(1) 创建"文字"合成

1) 启动 AE CC 软件后,创建一个"预设"为 PAL/DV 的合成,"合成名称"为"文字",

合成的尺寸设置为"720像素×576像素","帧速率"为"25帧/秒","持续时间"为5秒。

2)新建一个纯色层:执行"图层"→"新建"→"纯色"命令,如图21-2所示。

3)选中"文字(黑色)"这个纯色图层,执行"效果"→"过时"→"基本文字"命令,添加一个基本文字特效,在打开的"基本文字"对话框中,输入文字"小荷才露尖尖角",设置文字"字体"为"STXingkai","方向"为"垂直";"对齐方式"为"居中对齐",如图21-3所示。

图21-2 "纯色设置"对话框　　　图21-3 "基本文字"对话框

4)选中"文字(黑色)"这个纯色图层,打开"效果控件"面板,将"基本文字"特效中的"大小"设置为40,将"字符间距"设置为16,"填充颜色"设为"红色",如图21-4所示。

图21-4 "基本文字"特效参数设置

(2)创建"置换"合成

1)执行"合成"→"新建合成"命令,在"合成设置"对话框中,设置"合成名称"为

"置换"，"预设"模式为"PAL D1/DV"，"持续时间"为5秒，如图21-5所示。

2）按<Ctrl+Y>组合键，新建一个"灰色"的纯色层，在"纯色设置"对话框中，"名称"设置为"噪波"，"颜色"设置为"灰色"，参数设置如图21-6所示。

图21-5　创建"置换"合成

图21-6　"纯色设置"对话框

3）选中"噪波"图层，执行"效果"→"杂色和颗粒"→"分形杂色"命令，为其添加"分形杂色"特效，效果如图21-7所示。

4）设置"分形杂色"特效的"演化"参数的关键帧动画，在第0秒处，单击"演化"左侧的"钟表" 演化 按钮，启动"演化"关键帧，将时间指针移到第3秒处，设置"演化"的参数值为"4×+0.0"，如图21-8所示。

图21-7　"分形杂色"特效效果

图21-8　第3秒处"演化"参数设置

5）选中"噪波"图层，执行"效果"→"颜色校正"→"色阶"命令，为其添加"色阶"特效，"效果控件"面板中，"输出黑色"参数设置为"112.2"，效果如图21-9所示。

第 10 单元　综合应用

图21-9　添加"色阶"后的效果

6）选中"噪波"图层，单击"工具"面板中的"矩形工具"，为"噪波"图层绘制蒙版，如图 21-10 所示。展开时间线上"噪波"图层的"蒙版"属性，将"蒙版羽化"值设置为100，如图 21-11 所示。

7）设置蒙版动画：在第 0 秒处，单击"蒙版路径"选项左侧的码表，启动"蒙版路径"关键帧，将时间指针移到第 5 秒处，使用"工具"面板中的"选择工具"在"合成"窗口中单击一下，然后将鼠标放到蒙版的上部边框上向下拖动，直至蒙版不覆盖"合成"窗口，如图 21-12 所示。单击"预览"面板中的"播放"按钮，会发现噪波由上到下逐渐消失的动画效果。

图21-10　为"噪波"图层绘制蒙版

图21-11　设置"蒙版羽化"值　　　图21-12　第5秒处的蒙版形状

(3) 创建"模糊"合成

1) 执行"合成"→"新建合成"命令，在"合成设置"对话框中，设置"合成名称"为"模糊","预设"模式为"PAL D1/DV","持续时间"为5秒。

2）选择"置换"合成中的"噪波"图层，按<Ctrl+C>组合键进行复制，再选择"模糊"合成，按<Ctrl+V>组合键进行粘贴。

3）选择"模糊"合成中的"噪波"图层，执行"效果"→"颜色校正"→"曲线"命令，为图层添加"曲线"特效，在"效果控件"面板中设置参数，如图21-13所示。合成效果如图21-14所示。

图21-13 "曲线"特效参数

图21-14 添加曲线特效后的效果

（4）创建烟雾文字合成

1）执行"合成"→"新建合成"命令，在"合成设置"对话框中，设置"合成名称"为"烟雾文字"，"预设"模式为"PAL D1/DV"，"持续时间"为5秒。

2）将"项目"窗口中的"文字""置换""模糊"这3个合成拖到"烟雾文字"合成的时间线上，这3个图层的排列顺序，如图21-15所示。

3）制作渐变背景：按<Ctrl+Y>组合键，在当前合成中新建一个纯色层，在"纯色设置"对话框中，设置"名称"为"背景"，并将其拖到最下层。选中"背景"层，执行"效果"→"生成"→"梯度渐变"命令，在打开的"效果控件"面板中设置参数，"起始颜色"的值为RGB（255，255，255），"结束颜色"的值为RGB（179，177，177）；"渐变起点"为（360，288），"渐变终点"为（372，723），"渐变形状"为"径向渐变"，"梯度渐变"参数设置如图21-16所示。

图21-15 图层的排列顺序

图21-16 "梯度渐变"参数设置

4)关闭"置换"合成、"模糊"合成的显示,时间线如图 21-17 所示。此时的"合成"窗口显示效果,如图 21-18 所示。

图21-17 时间线显示

图21-18 "合成"窗口显示效果

5)选中"文字"图层,执行"效果"→"模糊与锐化"→"复合模糊"命令,添加"复合模糊"特效,在打开的"效果控件"面板中,设置"模糊图层"为"3.模糊";"最大模糊"为 300,"复合模糊"参数设置及效果,如图 21-19 所示。

6)选择"文字"图层,执行"效果"→"扭曲"→"置换图"命令,添加"置换图"特效,在打开的"效果控件"面板中,设置"置换图层"为"2.置换";"最大水平置换"为 200;"最大垂直置换"为 200;"置换图"特效参数设置及效果,如图 21-20 所示。

图21-19 "复合模糊"参数设置及效果

图21-20 "置换图"特效参数设置及效果

7)单击"预览"面板中的"播放"按钮,预览一下效果。

(5)创建"背景"合成

1)执行"合成"→"新建合成"命令,在"合成设置"对话框中,设置"合成名称"为"背景","预设"模式为"PAL D1/DV","持续时间"为 5 秒。

2)在"项目"窗口中双击,在打开的"导入文件"对话框中,导入"水墨荷花.jpg"图片,再次导入"蝌蚪.psd"图片,在导入"蝌蚪.psd"时出现对话框,如图21-21所示。

3)将"项目"窗口中的"水墨荷花.jpg"素材及"蝌蚪.psd"素材拖到"背景"合成的时间线上,"蝌蚪.psd"位于上层,"水墨荷花.jpg"位于下层。

4)选中"蝌蚪"图层,按<S>键展开"缩放"属性,设置"缩放"的值为50%。

5)单击"工具"面板中的"向后平移(锚点)工具",单击"合成"窗口中的蝌蚪,将锚点拖拽到蝌蚪的头顶,如图21-22所示。

图21-21 导入psd文件

图21-22 调整蝌蚪的锚点位置

6)选中"蝌蚪"图层,执行"窗口"→"动态草图"命令,打开"动态草图"面板,参数设置如图21-23所示。单击"开始捕捉"按钮,当"合成"窗口中的光标变成十字形状时,在窗口中绘制运动路径,如图21-24所示。

图21-23 "动态草图"面板

图21-24 绘制运动路径

7)选中"蝌蚪"图层,执行"图层"→"变换"→"自动定向"命令,在弹出的"自动定向"对话框中,勾选"沿路径定向"选项,单击"确定"按钮。

8)选中"蝌蚪"图层,按<R>键展开"旋转"属性,设置"旋转"的值为71。

9)制作更加流畅的蝌蚪动画:选中"蝌蚪"图层,按<P>键展开"位置"属性,用框选方法选中所有的关键帧,执行"窗口"→"平滑器"命令,打开"平滑器"面板,在对话框中设置参数,如图21-25所示,单击"应用"按钮。

图21-25 "平滑器"参数设置

10)选中"蝌蚪"图层,执行"效果"→"透视"→"投影"命令,添加"投影"特效,在"效果控件"面板中设置参数,"距离"为12,"柔和度"为30,如图21-26所示。

11）选中"蝌蚪"图层，打开"运动模糊开关" ，如图21-27所示。

图21-26 "投影"参数设置

图21-27 打开时间线上图层的"运动模糊开关"

12）可以用同样的方法制作出多个小蝌蚪的路径动画。

(6) 创建"最终效果"合成

1）执行"合成"→"新建合成"命令，在"合成设置"对话框中，设置"合成名称"为"最终效果"，"预设"模式为"PAL D1/DV"，"持续时间"为5秒。

2）将"项目"窗口中的"烟雾文字"合成、"背景"合成拖到"最终效果"合成中，"烟雾文字"合成在上层，"背景"合成在下层。

3）双击"烟雾文字"合成图层，关闭该合成中的"背景"层的显示；展开"烟雾文字"合成中的"文字"层的"位置"属性，设定"位置"参数值为(584，288)，如图21-28所示。

图21-28 设置"烟雾文字"的位置参数

4）切换到"最终效果"合成中，单击"预览"面板中的"播放"按钮，预览效果。

(7) 渲染输出

若对预览效果感到满意时，可以执行"合成"→"添加到渲染队列"命令，在"渲染队列"面板中单击"输出到："右侧的文件名，在弹出的"将影片输出到："对话框中设置影片名称和保存位置，单击"保存"按钮；单击左下角"输出模块："右侧的"无损"按钮，在弹出的"输出模块设置"对话框中单击"格式"右侧的下拉按钮，设置视频的输出格式为FLV格式，单击"确定"按钮退出对话框，单击"渲染"按钮进行渲染。

(8) 保存项目文件

执行"文件"→"整理工程（文件）"→"收集文件"命令，完成项目文件的保存工作。

项目 22 《保护环境就是保护我们自己》——片头制作

学习目标

1）掌握透视特效 CC Sphere 的设置方法。
2）掌握透视特效 CC Cylinder 的设置方法。

本项目通过片头制作，掌握透视特效 CC Sphere 和 CC Cylinder 的设置方法。综合运用这些特效，掌握片头制作的技巧。项目的制作效果如图 22-1 所示。

图22-1 《保护环境就是保护我们自己》制作效果

制作步骤如下

（1）制作自转的球体

1）启动 AE CC 软件后，创建一个"预设"为 PAL/DV 的合成，"合成名称"为"保护地球就是保护我们自己"，合成的尺寸设置为"720 像素 ×576 像素"，"帧速率"为"25 帧/秒"，"持续时间"为 5 秒。

2）导入素材：按 <Ctrl+I> 组合键，导入本项目的素材"背景 .jpg"，并将"背景 .jpg"素材拖到时间线上。

3）将背景图片变为球形：选中"背景"图层，执行"效果"→"透视"→"CC Sphere"命令，效果如图 22-2 所示。

图22-2 对背景图片添加"CC Sphere"特效

4）缩小球体的半径：在"效果控件"面板中，将"Radius"选项的值设定为140。

5）制作球体自转效果：在"时间线"窗口中将时间指针移到第0秒处，展开"背景"图层，单击"Rotation Y"选项前的"钟表"按钮，启动关键帧，设定参数为–115，如图22-3所示。将时间指针移到4秒第24帧处，将"Rotation Y"的参数值设为100。

6）单击"预览"面板中的"播放"按钮，预览效果，会看到球体自转的效果。

7）调整球体的表面亮度：展开"效果控件"面板中的Light选项，将Light Intensity的值设为128；将Light Height的值设为73；将Light Direction的值设为275°，如图22-4所示。

图22-3　第0秒处参数值

图22-4　调整地球的亮度

（2）制作环绕球体的文字

1）单击"工具"面板中的"文本工具"，在"合成"窗口中输入"保护环境就是保护我们自己"，文字颜色为"白色"，文字大小为55像素，字符间距为176，"字符"面板参数设置，如图22-5所示。

图22-5　设置文字属性

2）选中"保护环境就是保护我们自己"图层，执行"效果"→"透视"→"CC Cylinder"命令，添加"CC Cylinder"特效，在"效果控件"面板中，设置"CC Cylinder"特效参数，如图 22-6 所示。

图22-6 "CC Cylinder"特效参数设置

3）制作文字环绕动画：选中"保护环境就是保护我们自己"图层，在"时间线"窗口中，将时间指针移到第 0 秒处，展开"保护环境就是保护我们自己"图层，单击"Rotation Y"左侧的"钟表"按钮，启动关键帧，将指针移到 4 秒第 24 帧处，将"Rotation Y"参数值设为"1×+0.0°"，如图 22-7 所示。

图22-7 4秒第24帧处"Rotation Y"参数设置

4）在时间线中选中"保护环境就是保护我们自己"图层，按<Ctrl+D>组合键复制出"保护环境就是保护我们自己 2"图层，将复制出的"保护环境就是保护我们自己 2"图层拖拽到最底层，并将"Render"选项的值改为"Inside"，如图 22-8 所示。

图22-8 设置复制图层的参数

(3) 制作光芒效果

1) 执行"图层"→"新建"→"调整图层"命令，新建一个调整图层。

2) 选中调整图层，执行"效果"→"Trapcode"→"Shine"命令，添加"Shine"特效，设置"Colorize"为"Electric"，"Transfer Mode"为"Add"，特效参数设置如图22-9所示。

图22-9 设置"Shine"特效参数

(4) 预览效果

单击"预览"面板中的"播放"按钮，预览效果。

(5) 渲染输出

若对预览效果感到满意时，可以执行"合成"→"添加到渲染队列"命令，在"渲染队列"面板中单击"输出到："右侧的文件名，在弹出的"将影片输出到："对话框中设置影片名称和保存位置，单击"保存"按钮；单击左下角"输出模块："右侧的"无损"按钮，在弹出的"输出模块设置"对话框中单击"格式"右侧的下拉按钮，设置视频的输出格式为FLV格式，单击"确定"按钮退出对话框，单击"渲染"按钮进行渲染。

(6) 保存项目文件

执行"文件"→"整理工程（文件）"→"收集文件"命令，完成项目文件的保存工作。

项目23 《美食中国》——片头制作

学习目标

1) 掌握场景合成的方法。
2) 掌握"置换图"特效的应用方法。
3) 掌握"梯度渐变"特效的应用方法。

本项目通过《美食中国》片头制作,掌握多个场景的合成嵌套、文字的不透明度动画设置、卷轴的动画制作、"置换图"特效的应用、"梯度渐变"特效的应用等制作方法。项目完成后的效果如图23-1所示。

图23-1 《美食中国》制作效果

制作步骤如下

(1) 导入素材

在项目窗口中双击,在导入素材对话框中选定素材文件夹,单击"导入文件夹"按钮。

(2) 制作场景1

这个片头有4个场景。"场景1"呈现的画面是文本"美食中国"单字显示出来,同时"祥云"在左上角旋转,"水墨画"图片从右向左移动,大约4秒完成,因整个片头视频的背景配音是22秒,所以建立的合成应该是22秒。

1) 建立合成"场景1"。执行菜单命令"合成"→"新建合成",在"合成"对话框中,设置"合成名称"为"场景1","预设"为"自定义","宽度"为1280像素,"高度"为720像素,"像素长宽比"为"方形像素","帧速率"为25帧/秒。

2) 将项目窗口中的"水墨画.jpg"拖到时间线窗口中,展开"变换"属性,设置"缩放"为"165%"。在0秒处,单击"位置"参数左边的码表,启动"位置"关键帧,将时间指针定位到3秒第14帧处(`0:00:03:14`),设置"位置"参数为(288,360),自动添加了一个关键帧。

3) 建立红色椭圆背景"中国"两字的预合成。单击工具栏中的"椭圆"工具,"填充"为红色,"描边"为"无",在合成窗口中拖拽出一个小椭圆,建立了一个"形状图层1"的形状图层,单击工具栏上的"文本工具"按钮`T`,在小椭圆内输入竖排文字"中国",在"字符"窗口设置"字体"为"隶书",并设置字体大小适中。选中"形状图层1"图层和"中国"文字图层,按组合键<Ctrl+Shift+C>,将这两个图层预合成,合成名称为"中国",如图23-2所示。

图23-2 将两个图层预合成

展开合成"中国"的"不透明度"属性,在 0 秒处,单击"不透明度"属性左侧的码表并设置参数值为 0%,将时间指针移到 1 秒处,设置参数值为 100%,并将"中国"合成的图形放置于"合成"窗口的左侧,如图 23-3 所示。

图23-3 设置"不透明度"动画

4）单击工具栏上的"文本工具"按钮**T**,在合成窗口中输入文字"美食中国",选定文字,在"字符"窗口中设定"字体"为"华文新魏",颜色为"黑色",大小为"155"像素,展开时间线上"美食中国"图层的"文本"属性,在其右侧的"动画"中选择"不透明度"。展开"动画制作工具 1"选项,设置"不透明度"为 0,将时间指针置于 0 秒处,单击"结束"左侧的码表并设置"结束"的参数为 0,将时间指针置于 3 秒处,设置"结束"的参数为 100,如图 23-4 所示。

图23-4 设置文本的"不透明度"动画

5）设置"祥云"颜色。将项目窗口中的"祥云.jpg"拖拽到时间线窗口的最上层,放置于合成窗口的左上角。选中"祥云.jpg"图层,执行菜单命令"效果"→"键控"→"颜色键",在打开的特效控制台中,单击"主色"后面的"吸管工具",吸取"祥云"图片的白色背景颜色,进行抠像,设定"颜色容差"为 19,"羽化边缘"为 0.7,如图 23-5 所示。

选中"祥云.jpg"图层,执行菜单命令"效果"→"生成"→"梯度渐变",在打开的特效控制台中,设置"起始颜色"为"黄色","结束颜色"为"红色",如图 23-6 所示。

图23-5 用"颜色键"抠像　　　　　图23-6 设置"梯度渐变"特效

6)设置"祥云"旋转动画。选中"祥云.jpg"图层,展开时间线上的"变换"属性,将时间置于 0 秒处,单击"旋转"左侧的码表,并设置其参数为 -22°,将时间置于 1 秒第 15 帧处,设置"旋转"参数为 -9°,将时间置于 3 秒处,设置"旋转"参数为 -28°。选中"祥云.jpg"图层,按组合键<Ctrl+Shift+C>,将该图层预合成,合成名称为"祥云"。

7)将项目窗口中的背景解说(片头音乐)拖拽到时间线窗口的最下层。此时,完成"场景 1"合成的制作。"时间线窗口"如图 23-7 所示,"场景 1"合成窗口如图 23-8 所示。

图23-7 "场景1"的"时间线窗口"   图23-8 "场景1"的合成窗口

(3)制作"场景 2"

"场景 2"是从第 4 秒开始一个卷轴展开动画,第 8 秒结束,第 9 秒消失。

1)新建合成"场景 2"。在项目窗口中右击鼠标,在打开的快捷菜单中执行"新建合成"命令,在打开的"新建合成"对话框中,"合成名称"设为"场景 2",其他参数默认。

2)将项目窗口中的"纸纹理.jpg"图片拖拽到时间线窗口,按<Ctrl+Alt+F>组合键,使图片正好适合其合成窗口大小。

3)将"卷.jpg"拖拽到"纸纹理.jpg"图层的上方。选定"卷"图层,使用工具栏上的"矩形工具"选定卷的左轴,制作左轴蒙版,如图 23-9 所示。右击时间线上的"卷"图层,"重命名"为"左轴"。使用同样的方法,制作出"右轴"和"画布"。

4)单击工具栏上的"文字工具",在画布上输入"民以食为天",在"字符"窗口中设定"字体"为"华文新魏",调整字体大小到适中。此时,时间线窗口如图 23-10 所示。

图23-9 使用"矩形工具"制作左轴蒙版   图23-10 时间线窗口

5)选定"画布"图层和"民以食为天"文字图层,按<Ctrl+Shift+C>组合键,将两个图层预合成,合成名称为"画布",将预合成"画布"图层拖拽到"左轴"图层的下方,使用"矩形工具",对预合成"画布"建立一个蒙版。

6)将时间指针定位于 6 秒处,选定"左轴""右轴"两个图层,分别单击"位置"属性左侧的码表,启动关键帧。选定"画布"图层,展开其"蒙版 1"属性,单击"蒙版路径"属性左侧的码表,启动关键帧。合成窗口如图 23-11 所示。

7)将时间指针定位于 4 秒处,选定"画布"图层,双击合成窗口中蒙版的控制柄,然后缩小蒙版为最小至左右轴能覆盖住。分别设定"左轴""右轴"两个图层位置参数为(909,360)和(407,360),使得两个轴靠近中间,呈现未展开的卷轴形状。合成窗口如图 23-12 所示。

图23-11 6秒时的合成窗口

图23-12 4秒时的合成窗口

8)将项目窗口中的"祥云.jpg"拖拽到时间线窗口"纸纹理.jpg"图层的上方,将"祥云.jpg"置于合成窗口的右下角,并使用"效果"→"键控"→"颜色键",对祥云图片的白色背景进行抠像。对"祥云.jpg"图层的"旋转""不透明度""位置""缩放"等属性进行适当设置,如图 23-13 所示,效果如图 23-14 所示。

图23-13 对"祥云.jpg"图层的属性进行设置

图23-14 "祥云.jpg"的效果

(4)制作"场景 3"

"场景 3"呈现的画面是第 9 秒至第 18 秒,"版画花纹"向上移动,第 14 秒显示出一个盘子,到第 18 秒盘子缩小至消失。

1)新建合成"场景 3"。在项目窗口中右击鼠标,在打开的快捷菜单中,执行"新建合成"命令,在打开的"新建合成"对话框中,"合成名称"设为"场景 3",其他参数默认。

2)将项目窗口中的"版画花纹.jpg"拖拽到时间线中,展开图层的"变换"属性,设定"缩放"为 300%,将时间指针置于第 9 秒处,单击"位置"左侧的码表,设定"位置"参数为(640,494),将时间指针置于第 18 秒处,设定"位置"参数为(640,267)。

3)将项目窗口中的"瓷盘.jpg"拖拽到时间线的上层,选定"瓷盘.jpg"图层,使用工具栏上的"椭圆工具"给瓷盘添加一个蒙版,对瓷盘进行抠像,如图 23-15 所示。

4)单击工具栏上的"文字工具"按钮,在合成窗口中输入"食",设置字体为"华文新魏",颜色为"黑",大小为"161",大小合适即可,如图23-16所示。

图23-15 给"瓷盘.jpg"图层添加蒙版

图23-16 输入文字"食"

5)选定文字"食"图层和"瓷盘.jpg"图层,按<Ctrl+Shift+C>组合键,将两个图层预合成,合成名称为"瓷盘",将时间指针定位于第14秒处,展开预合成"瓷盘"图层的"不透明度",启动关键帧并设置属性值为0,将时间指针定位于第15秒处,设置"不透明度"属性值为100%,将时间指针定位于第17秒处,启动"缩放"关键帧,将时间指针定位于第18秒处,设置"缩放"属性的参数为0。

6)将项目窗口中的"水墨.jpg"图片拖拽到时间线窗口中"版画花纹.jpg"图层的上方,选定该图层,执行菜单命令"效果"→"键控"→"颜色键",对"水墨.jpg"图片的白色背景进行抠像。

7)展开时间线窗口中"水墨.jpg"图层的"变换"属性,设置"旋转"角度为50°。将时间指针定位于第16秒处,启动"不透明度"关键帧,并设置"不透明度"参数为0%,将时间指针定位于第17秒处,设置"不透明度"参数为100%。

8)将时间指针定位于第17秒处,启动"缩放"关键帧,将时间指针定位于第18秒处,设置"缩放"参数为150%。

(5)制作"场景4"

"场景4"呈现的画面是第18秒到22秒,显示水波纹效果的画面。

1)新建合成"场景4"。在项目窗口中右击鼠标,在打开的快捷菜单中,执行"新建合成"命令,在打开的"新建合成"对话框中,"合成名称"设为"场景4",其他参数默认。

2)将项目窗口中的"纸纹理.jpg"图片拖拽到时间线窗口,按<Ctrl+Alt+F>组合键,使图片正好适合其合成窗口大小。

3)单击工具栏中的"文本工具",在"合成"窗口中输入"美",设置字体为"华文新魏",大小为208,颜色为"黑"。再次单击工具栏中的"文本工具",在"合成"窗口中输入"食",设置字体为"华文新魏",大小为130,颜色为"黑",并放置到适合位置。

4)执行菜单命令"图层"→"新建"→"纯色(红色)",选定该图层,使用工具栏中的"矩形工具",建立一个矩形蒙版。选定该图层,执行菜单命令"效果"→"风格化"→"毛边",添加"毛边"特效,特效设置及效果如图23-17所示。

图23-17 "毛边"特效设置及效果

5）单击工具栏中的"文本工具"，在"合成"窗口中输入"中"，设置字体为"华文新魏"，大小为90，颜色为"黑"，文本放于红色矩形蒙版中。

6）选中"红色 纯色1"及"中"两个图层，按<Ctrl+D>组合键复制两个图层，在合成窗口中调整复制的这两个图形及文字的位置，并将复制的"中"字修改为"国"。在时间线窗口中调整图层顺序。时间线窗口及合成窗口显示如图23-18所示。

图23-18 时间线窗口及合成窗口显示

7）单击工具栏中的"文本工具"，在"合成"窗口中输入"CHINA"，设置字体为"Chaparral Pro"，大小为90，颜色为"黑"，文本放于"美食中国"的下方。

8）将这8个图层选定，进行预合成，合成名称为"场景4预合成"。

9）执行菜单命令"图层"→"新建"→"纯色（黑色）"，新建一个黑色纯色层，将该纯色层拖拽到时间线窗口中的下层。选定该纯色层，执行菜单命令"效果"→"模拟"→"波形环境"，该特效参数设置如图23-19所示。

10）选定该黑色纯色层，按<Ctrl+Shift+C>组合键，对该纯色层进行预合成，在预合成对话框中，选定"将所有属性移动到新合成"，如图23-20所示。

图23-19 "波形环境"特效参数设置　　图23-20 预合成对话框

11)选定"场景4预合成"图层,执行菜单命令"效果"→"扭曲"→"置换图","置换图"特效参数如图23-21所示。

(6)建立"总合成"

1)在项目窗口中右击鼠标,在打开的快捷菜单中,执行"新建合成"命令,在打开的"新建合成"对话框中,"合成名称"设为"总合成",默认其他参数。

图23-21 "置换图"特效参数

2)将项目窗口中的"场景1"合成拖拽到时间线中,将时间指针定位到3秒第14帧处,展开"场景1"图层,单击码表,启动"不透明度"属性关键帧,将时间指针定位到第4秒处,设置"不透明度"属性参数值为0%。

3)将项目窗口中的"场景2"合成拖拽到时间线下层,将时间指针定位到3秒第22帧处,展开"场景2"图层,单击码表,启动"不透明度"属性关键帧,设置"不透明度"属性参数值为1%,将时间指针定位到第5秒处,设置"不透明度"属性参数值为100%。将时间指针定位到第8秒处,单击"不透明度"左侧的"添加关键帧"按钮,添加关键帧,第9秒时,设置"不透明度"参数为0%。

4)将项目窗口中的"场景3"合成拖拽到时间线下层,将时间指针定位到7秒第17帧处,展开"场景3"图层,单击码表,启动"不透明度"属性关键帧,设置"不透明度"属性参数值为0%,时间指针移到8秒第5帧处,设置"不透明度"属性参数值为100%,时间指针定位到17秒第20帧处,单击"不透明度"左侧的"添加关键帧"按钮,添加关键帧,时间指针定位到第18秒处,设置"不透明度"属性参数值为0%。

5)将项目窗口中的"场景4"合成拖拽到时间线的下层,将时间指针定位到17秒第11帧处,展开"场景4"图层,单击码表,启动"不透明度"属性关键帧,设置"不透明度"属性参数值为0%,时间指针移到第18秒处,设置"不透明度"属性参数值为100%。

(7)预览效果

单击"预览"窗口中的"播放"按钮进行预览效果。

(8)渲染输出

若对预览效果感到满意,可以执行菜单命令"合成"→"添加到渲染队列",在渲染队列面板中单击"输出到:"右侧的文件名,在弹出的对话框中设置影片名称和保存位置,单击"保存"按钮;单击左下角"输出模块:"右侧的"无损",在弹出的对话框中单击格式右侧的下拉按钮,设置视频的输出格式为FLV格式,单击"确定"按钮退出对话框,单击"渲染"按钮进行渲染。

(9)保存项目文件

执行菜单命令"文件"→"整理工程(文件)"→"收集文件",完成项目文件保存工作。

参 考 文 献

[1] 程明才. After Effects CC 中文版超级学习手册[M]. 2版. 北京：人民邮电出版社，2020.

[2] 刘天真. 影视后期特效：After Effects CC[M]. 2版. 北京：高等教育出版社，2017.

[3] 柯健，周德富. After Effects 影视特效与合成实例教程[M]. 北京：电子工业出版社，2016.